# 广西大瑶山西侧中南段铅锌矿成矿环境及勘查技术方法

罗永恩　著

查看彩图

U0342769

北　京

冶 金 工 业 出 版 社

2023

## 内 容 提 要

本书内容包括盘龙铅锌矿床、妙皇铜铅锌矿床的地质特征、成矿规律、控矿因素和找矿标志及找矿技术方法；大团-司律-盘龙、南洞-双桂-古富、王铎-新造、马黎-花侯-盘古 4 处找矿预测区及翻山铅锌矿靶区、大团铅锌矿靶区、司律铅锌矿靶区、双桂铅锌矿靶区、南洞铅锌矿靶区、古富铅锌矿靶区、那界铅锌矿靶区、王铎铅锌矿靶区、新造铅锌矿靶区、马黎铅锌银矿靶区、山定铅锌矿靶区、盘古铜铅锌银矿靶区等 12 处找矿靶区，认定翻山铅锌矿靶区具有大型找矿远景。

本书可供从事矿产资源勘查的科研、管理人员阅读，也可作为高等院校工程地质勘查、地质工程专业及相关专业师生的参考书。

**图书在版编目（CIP）数据**

广西大瑶山西侧中南段铅锌矿成矿环境及勘查技术方法/罗永恩著. — 北京：冶金工业出版社，2023.7
　ISBN 978-7-5024-9567-1

Ⅰ.①广… Ⅱ.①罗… Ⅲ.①铅锌矿床—成矿环境—研究—广西　②铅锌矿床—地质勘探—研究—广西　Ⅳ.①P618.4

中国国家版本馆 CIP 数据核字（2023）第 125254 号

**广西大瑶山西侧中南段铅锌矿成矿环境及勘查技术方法**

| | | | |
|---|---|---|---|
| **出版发行** | 冶金工业出版社 | **电　话** | （010）64027926 |
| **地　址** | 北京市东城区嵩祝院北巷 39 号 | **邮　编** | 100009 |
| **网　址** | www. mip1953. com | **电子信箱** | service@ mip1953. com |

责任编辑　王梦梦　美术编辑　燕展疆　版式设计　郑小利
责任校对　范天娇　责任印制　禹　蕊
北京建宏印刷有限公司印刷
2023 年 7 月第 1 版，2023 年 7 月第 1 次印刷
710mm×1000mm　1/16；9.25 印张；179 千字；139 页
**定价 66.00 元**

投稿电话　（010）64027932　投稿信箱　tougao@cnmip.com.cn
营销中心电话　（010）64044283
冶金工业出版社天猫旗舰店　yjgycbs.tmall.com
（本书如有印装质量问题，本社营销中心负责退换）

# 前　言

由于多年来景观条件特殊和地质工作投入不足，广西大瑶山西侧地区基础地质研究、矿产勘查工作与区内其他地区相比（如丹池地区）仍相对滞后，不仅影响了这一地区的经济发展，其工业布局也因资源短缺受到一定影响。21世纪以来，国家、社会逐步加大了对该地区地质勘查资金的投入，找矿成果逐渐显现。

本书是作者承担的矿山找矿项目和在国家财政资金资助下勘查取得的成果及作者总结实际工作勘查经验基础上，结合自身专业理论及分析参阅大量文献资料撰写而成。

本书内容侧重于地质找矿，主要体现在以下几个方面：（1）通过对以往地质成果的综合分析，总结大瑶山西侧中南段的成矿特点、矿化类型和主要控矿因素；（2）划分研究区成矿区带，评价各区带找矿潜力，并对各区带的找矿标志及成矿规律进行分析；（3）研究喀斯特景观区的勘查技术方法，主要包括化探、物探、遥感3个方面；（4）优选找矿靶区，并对靶区提出大比例尺、物化探、遥感综合方法勘查和工程验证工作建议。

与广西丹池锡多金属成矿带相比，大瑶山西侧铅锌-重晶石成矿带的基础地质工作、研究程度和找矿成果都相差甚远。因此，本书的综合性地质研究、成矿规律研究、找矿方法技术研究，对于该地区今后的找矿工作部署及勘查方法的选择具有借鉴、指导意义。

本书可供从事矿产资源勘查的科研、管理人员阅读，也可作为高等院校工程地质勘查、地质工程专业及相关专业师生的参考书。

　　在此，对在本书撰写过程中给予支持和帮助的各位同志表示衷心的感谢！

　　由于作者水平所限，书中不足之处，恳请专家、学者批评指正。

作　者

2023 年 2 月

# 目　　录

# 1 绪 论

## 1.1 测区交通位置、范围

测区位于广西壮族自治区大瑶山西侧中南段的武宣—象州一带。范围：南起通挽，北到寺村，西起二塘，东到东乡。东西宽约 25km，南北长约 80km，总面积约 2000km$^2$（见图 1-1）。

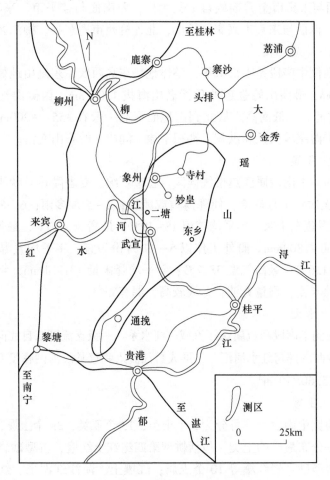

图 1-1 测区地理与交通位置图

测区行政区划属于武宣县、象州县，从县、乡（镇）、村到矿区209国道、323省道、307省道、桂来高速公路、柳武高速公路、梧柳高速公路、贺巴高速公路和林区公路可以通达，黔江从测区中部武宣境内流过，常年通航2000t以上船舶，陆路、水路交通比较便利。

# 1.2　测区自然地理及经济概况

## 1.2.1　自然地理概况

### 1.2.1.1　位置境域

大瑶山西侧中南段位于广西中部，地处东经109°25′~110°06′，北纬23°19′~24°18′。东面与来宾市金秀瑶族自治县为界，西南面与桂平市、来宾市兴宾区、贵港市毗邻，西面与来宾市兴宾区接壤，北连柳州市鹿寨县、柳江区。

### 1.2.1.2　地质地貌

大瑶山西侧中南段是中部低平，整体地势东高西低，东侧山地标高大部分海拔400~1000m，最高山峰强盗冲顶无名山海拔1300.3m；西侧山地标高在海拔200~500m之间，北低南高。从北到南地面标高一般在+55~+200m之间。地貌上，中部为岩溶缓坡低丘和洪积、冲积平原，间或土岭石山交错。

### 1.2.1.3　气候

大瑶山西侧中南段属亚热带气候区，春暖雨绵、夏暑酷热、秋明气爽、冬少冰霜。12月至次年1月最冷，偶降薄雪或冰冻；2—5月多雨；6—8月最热，有阵雨；7—11月逐渐干寒。年平均气温18~19℃；最高36~40℃，最低-7~-1℃。年降水量1100~1800mm。野外工作以5—11月份为宜。年平均气温21.1℃，极端最低气温-1.6℃，最高气温38.7℃；年平均降雨量1312.1mm，年平均相对湿度77%。光热丰富，雨量充沛；冬温较高，偶有霜雪。

### 1.2.1.4　水文

大瑶山西侧中南段河流属珠江流域西江水系。一级支流柳江自北向南纵贯测区内，于测区内西南部与红水河汇合，形成黔江流入武宣县。河网密度0.42km/km$^2$；年总水量为25.60×10$^8$m$^3$。

### 1.2.1.5　土壤

大瑶山西侧中南段土壤可分为5个土类，13个亚类，39个土属，93个土种。其中的红壤是分布最广的土类，包括耕型第四纪红土红壤、耕型砂岩红壤、耕型页岩红壤、耕型砂页岩红壤等10个土属；红壤土、薄沙红泥土、红黏土、红沙土等21个土种，广泛分布于低山、丘陵和平原地带。

### 1.2.2 经济概况及社会发展现状

大瑶山西侧地区，2022 年年底常住人口为 31 万人，生产总值 100 亿元；有壮族、苗族、侗族等少数民族，居民以从事农业为主。大瑶山西侧中南段所处的广西壮族自治区桂中地区属于经济欠发达地区，与全区全国相比，经济发展相对滞后，多数县属于国家贫困县。农业、林业、矿业、旅游业及相关产业是该地区主要经济来源，此外有少量水泥厂、矿泉水等中小企业。矿业经济在当地国民经济中占有重要地位，地方政府与当地居民普遍认识到矿产资源的重要性，大力发展矿业经济作为推动当地乡村振兴战略重点。

### 1.2.3 矿产资源开发对大瑶山西侧地区经济发展的意义

大瑶山西侧地区交通方便，矿产资源丰富，随着国家加大对国内矿产资源勘查投资，在掀起新一轮找矿突破战略行动热潮的同时，更应加大对这一地区有色金属矿产资源的找矿勘查力度，尽快提交一批大中型矿产资源接替基地，对于构建国家安全体系、推动边远省份西部大开发进程、东盟经济发展、促进边境少数民族地区和谐稳定、经济发展和社会进步均具有重要意义。

矿产资源是保障国家经济安全、确保国民经济快速发展的重要物质基础。随着我国国民经济持续高质量发展，对矿产资源的需求量日益增大，加上国外对我国"卡脖子"矿产品出口，资源短缺状况日趋严重显而易见；作为一个拥有 14 亿人口发展中国家，我国发展所需要的大宗和关键性、战略性矿产资源只能立足于国内解决。因此，快速建立和发展矿产资源战略开发基地和储备基地，确保国家资源安全已成为十分迫切的战略任务。

广西的矿产资源形势严峻。国家对边境少数地区的经济发展十分关心，经济发展离不开工业发展，工业发展在一定程度上要有资源保障，寻找对工业发展具有直接和支撑作用的有色金属资源基地，成为振兴广西工业经济的亟需。大瑶山独特的区位优势、基础设施条件和丰富矿产对于振兴广西工业经济起着极为重要的资源支撑作用，完全有条件成为广西中部最为便利的矿产资源接续基地。同时，由于历史和客观的种种原因，地处大瑶山的广西桂中地区经济发展相对滞后，面临着与西部地区同样的经济和社会问题。广西桂中仍属贫困地区，许多县属于国家贫困县。目前，广西中部各市县都认识到了区内丰富矿产资源的重要性，相继将大力发展矿业经济作为推进工业化进程的战略重点。可见，勘查、开发大瑶山西侧的矿产资源，不仅是振兴广西工业经济的重要资源依托，而且也是给广西中部区域经济腾飞带来了良好机遇，创造了有利条件。

目前，广西中部拥有便利的交通条件，与周边省份、东盟各国经济联系紧密，加快大瑶山西侧矿产资源的勘查和开发，有利于优势互补，进而拉长矿产利用的产业链条。尽快建成新型的广西矿业基地，利用地缘优势，对于用好"两种资源、两个市场"，具有重要意义。

# 1.3 以往地质工作程度

## 1.3.1 以往基础地质工作程度

新中国成立前，大瑶山西侧地区仅有少数地质工作者沿交通线做过少量路线地质调查，发现铅锌矿。当地居民在地表零星开采重晶石矿和铁矿。

新中国成立后，国家对大瑶山西侧地区地质工作非常重视，使得该区地质工作得到飞速发展。

新中国成立初期，1959 年，原柳州专区 702 地质队对朋村铅锌矿田（包括古立、盘龙）进行过矿点检查工作；1960 年，广西物探大队 804 分队对朋村铅锌矿田（包括古立、盘龙）进行了物探、化探普查工作，于 1960 年完成总结报告。

20 世纪 80 年代前，在国家统一布置下，相继开展了全区 1∶50 万航磁测量、1∶100 万区域重力测量和大面积 1∶20 万区域地质测量工作，桂中地区进行1∶20 万重力及 1∶10 万和 1∶5 万航磁测量，桂中地区 1∶5 万区域地质和1∶2.5 万航磁测量也开始起步，取得了极为丰富的基础地质资料，并发现了一大批有地表露头中小矿床。1∶50 万地质编图和区域地层表的编制及有关学者的专题研究等，使测区的地质工作步入系统化阶段，认识也逐步深入。

从 20 世纪 70 年代开始，在测区先后开展了以矿产地质调查为主的 1∶20 万区域地质测量。其中，1972 年，广西区域地质测量队第三分队完成 1∶20 万柳州幅、来宾幅地质及矿产测量工作，合理地建立了区内地层层序，对区内矿床（点）、异常进行了详细调查、登记，为该区后来的地质及矿产工作提供了系统的基础资料。在初步总结成矿规律的基础上，结合重砂、化探资料，圈定了 10多个成矿远景区。1988 年，广西壮族自治区地质矿产局石油队完成了"大瑶山西侧泥盆系铅锌黄铁矿控矿条件及成矿预测研究"项目，对该区的地质、构造和成矿规律进行了系统研究，公开发表和出版了一系列文章和专著。

20 世纪 90 年代以来，随着国土资源大调查项目的全面实施，大瑶山西侧地区又迎来地质工作的春天。1993 年，广西物探队完成了 1∶20 万柳州幅、来宾幅区域化探工作，圈定了几十种元素的化探异常，测区的 Cu、Pb、Zn 等元素的异常显示较好，为异常查证及进一步的普查工作提供依据。1992 年，广西壮族自治区地质矿产局第七地质队分别完成大瑶山西侧头排至罗秀、寺村至东乡地区1∶5 万区调工作，进一步对区内地质及矿产特征进行系统调查，为地质矿产工作提供了较多的资料，填补、充实了 1∶20 万区域地质测量的空白，至 2005 年

1：20万区域化探扫面全面全部完成。重要成矿亚带还进行了1：5万区域地质和化探扫面工作，新发现了一大批物化探异常和矿产地。

测区自20世纪60—70年代期间，由广西壮族自治区地质矿产局所属的广西区调队、广西物探队等有关单位分别开展了该区局部地区的1：20万、1：10万、1：5万铅锌或铜等多金属土壤地球化学测量，取得了一系列重要的化探成果，圈定了Cu、Pb、Zn等元素的化探异常，异常显示良好，异常的分布与区域上矿床（点）分布及成矿构造带分布具有良好的吻合现象，为异常查证及矿产地质工作提供了很好的依据。

1958—1975年，地质部航空物探大队902队先后5次在广西及邻区开展航空磁力和航空放射性测量，完成1：100万航磁$2.024×10^5 km^2$，完成1：20万航磁$9.2×10^4 km^2$，其中包括了三江—融安—柳州—贵港等地；1：5万航磁、航放$12.34×10^4 km^2$，覆盖河池—宜山、梧州—平南、来宾—贵港等地。广西航空物探队于1979—1982年在贵港—来宾等7个地区进行1：5万航磁和航放测量，1984年在桂中进行1：20万高精度航磁测量。

1959年3月至1960年6月，四川省石油管理局广西勘探大队完成1：100万重力测量$2.2×10^5 km^2$，该区在此次工作覆盖范围之内；1962—1984年，石油工业部云贵勘探大队和解放军总参部第一测绘大队、广西物探队先后对该资料做了补测和改算，并编制了相应的重力成果表和全区布格重力异常图。1979—1985年，广西物探队开展了桂中1：20万重力测量。

1960—1974年，广西区调队在开展区域地质调查中，同时进行放射性线路测量，完成1：20万图幅有荔浦、三江、融安、南丹、罗城、贵港、柳州、来宾等25个图幅。

与此同时，中国地质科学院牵头，联合广西壮族自治区有关部门进行了大量综合研究：20世纪80—90年代至2000年以来，在测区开展了各类综合研究，先有许多单位和学者对大瑶山西侧及邻区地质构造、岩浆岩和矿床做了大量的研究工作，先后完成了"区域地质志""地层单元清理""桂中泥盆纪沉积盆地大地构造演化与铅锌成矿作用""大瑶山西侧沉积特征与层控矿床控矿条件""桂北及大瑶山西侧泥盆纪富铅锌控矿条件、成矿规律及预测""桂中北层控铅锌矿海平面变化"等研究，先后提交了《广西大瑶山西侧泥盆系铅锌黄铁矿控矿条件及成矿预测研究》《桂北及大瑶山西侧泥盆纪富铅锌控矿条件、成矿规律及预测》《桂中北层控铅锌矿海平面变化》《广西矿床成矿系列成矿模式研究》《广西铅锌矿地质》《广西大瑶山及其西侧成矿区金银铅锌找矿区划研究》《大瑶山西段构造演化与成矿系列研究》等科研报告，对大瑶山西侧构造运动的特点、多旋回和造山运动的总体特征、成矿规律和矿床成因等进行了较系统的总结，提出了层控铅锌矿成矿模式及成矿预测区。通过对大量地质矿产资料的整理，对区内地层、构造、岩浆岩、有色金属成矿条件及成矿模式进行了系统总结和归纳；以板块理论为指导，论述了该区沉积盆地大地构造演化与铅锌成矿作用的关系；通过研究重点矿床，阐明了该区金属矿床成矿系列和成矿规律，划分了成矿亚带、圈定了找矿靶区；特别是近几年来，中国地质科学院、中国地质调查局等单位有关专家，对主要成矿亚带和重要矿床（点）进行了详细工作，对该区成矿条件和赋矿规律有了更深刻的认识，不仅确立了中生代岩浆活动对成矿的重要作用，而且认识到中生代构造-岩浆活动对区域矿产形成的作用；认识到成矿类型也是多元化的——不但沉积改造型和热液型矿床不断被发现，而且与海底火山-喷流作用有关的矿床类型正在被人们认识；通过新理论、新观点的引进、消化、吸收，发现了多处矿床（点），通过新方法和新技术的应用，多处矿床增加了资源量，扩大了远景。这些工作使大瑶山西侧中南段地区显示出巨大的资源潜力，为后续基础地质研究和隐伏金属矿床找矿勘查工作提供了理论依据和信息。

2012 年，广西壮族自治区遥感中心完成提交《广西西大明山—大瑶山地区金银多金属矿 1：5 万遥感异常扫面研究报告》，在中南区开展物、化、遥勘查及物、化探异常查证工作，以 ETM❶ 遥感数据为主进行遥感异常信息提取，以遥感异常为主、遥感解译为辅，结合成矿地质条件，共划分出 386 处找矿远景区，共圈出遥感异常 6599 处。

2017 年，广西地球物理勘察院在该区开展 1：5 万矿产地质专项填图、1：5 万高精度磁法测量、大比例尺物化探及槽探工作，勾绘主要赋矿地层边界，圈出主要成矿带，优选成矿有利地段多处。

2020 年，中国地质调查局完成科研项目"广西大瑶山地区多期次岩浆活动及成矿作用"，通过高精度年代学研究，构建了大瑶山地区成岩成矿年代学格架，将大瑶山地区花岗质岩浆岩和相关矿产分为加里东期、华力西—印支期、燕山早期系列。特别提出大瑶山地区加里东期岩浆活动强度、范围和成矿作用可与燕山期媲美，具有巨大的找矿潜力。该认识表明华南加里东期岩浆也能形成矿集区规模的矿产地，对进一步认识华南地区加里东期构造岩浆演化和成矿作用具有重要的科学意义。

### 1.3.2　矿产资源勘查研究状况

广西壮族自治区地质矿产局第七地质队、广西壮族自治区地质矿产局第五地质队、广西石油队等地勘单位在区内做了较多的矿产普查、物化探查证等工作，发现主要矿产有铅锌矿、重晶石矿、铜矿、褐铁矿、黄铁矿、锰矿等，评价了几十处矿床（点）。其中铜、黄铁矿、铅锌等矿（床）点 50 多处，已评价的主要

---

❶　一种增强型专题绘图仪。

有那马铜矿、水村铜矿、九崖铅锌矿、鸡冠岭铅锌矿、石山铅锌矿、朋村铅锌矿、古立黄铁铅锌矿、乐梅铅锌矿、盘龙铅锌矿等床；其他绝大部分矿（化）点、异常有待调查评价。

铅锌矿的成因类型主要为层控-热液改造型和构造蚀变岩型。层控-热液改造型矿体赋矿层位主要为下泥盆统上伦白云岩、官桥白云岩及中泥盆统东岗岭组，赋矿岩性主要为白云岩；构造蚀变岩型矿体的产出主要受近南北向的永福-东乡及 NE 向的凭祥-大黎两条区域性复合断裂旁侧的伴生次级断裂的影响和控制。

测区铅锌矿成矿与重晶石化、白云岩化关系密切，铅锌矿赋矿岩性主要为白云岩、白云质灰岩，与黄铁矿共生。

大瑶山西侧中南段系统的矿产勘查始于自 20 世纪 60 年代，20 世纪 70 年代以来在 1：20 万区域地质调查及面积性物化探工作的基础上，相继开展了地质普查和矿山勘查工作，对发现的重要矿点（矿产地）和物化探异常进行查证工作。大瑶山西侧中南段发现金属矿产地 40 处，其中经过不同层次地质勘查工作和评价的大、中、小型矿床 30 处。

1979 年，广西壮族自治区地质矿产局第七地质队对盘龙矿点进行普查，因各种原因中途停止。

20 世纪 90 年代以来，随着国土资源大调查成果的不断取得，特别是 1：20 万化探扫面和重要成矿带上 1：5 万水系沉积物测量工作的开展，在大瑶山西侧地区发现了大量成矿元素综合异常，为进一步普查找矿和扩大远景指明了靶区。在中国地质调查局和广西壮族自治区各级政府的支持下，该区矿产勘查工作又取得突破性进展。近年来在大瑶山西侧南段又陆续发现和评价了一批矿床（点），以及具有前景的矿产地。矿种主要有铅、锌、银、金等。盘龙铅锌矿、妙皇铜铅锌矿已评价为大型矿床，并有望成为特大型。

总的来看，无论基础地质工作程度，还是矿产资源勘查研究现状，大瑶山西侧中南段地区由于浮土覆盖严重，工作条件较差，且受以往传统勘查技术限制，不少成矿有利地区未开展系统的地质找矿工作。至今在测区仅发现 2 处大型矿床（盘龙铅锌矿、妙皇铜铅锌矿）、4 处规模较大的中型矿床（朋村铅锌矿、古立铅锌矿、凤沿铅锌矿、石山铅锌矿）、10 多处小型矿床（水村铅锌矿、风门坳铅锌矿、花鱼岭铅锌矿、白石山铅锌矿、水岩岭铅锌矿、新造铅锌矿、南洞铅锌矿、双桂铅锌矿等）。

综上所述，大瑶山西侧中南段区域地质、矿产地质和地质科研工作程度较高，但矿产地质勘查投入工作量较少，主要是对 20 世纪 60—70 年代矿点检查和普查，多以"就矿找矿"的思路开展工作，且勘查深度不够，工作没有取得重大进展。此后较长时间内投入的有效找矿工作较少，致使该区至今发现的大中型矿床较少。

在地球物理勘查方面，应用航空物探发现了一批电、磁异常，20世纪80—90年代在桂中地区又进行了1∶5万航空物探（电/磁）综合测量，为研究测区构造格架、地层及岩体分布、普查找矿等提供了高质量的地质、地球物理信息、其成果经三级查证，取得了一定的地质找矿效果。

高分辨率电磁测深、大深度的脉冲瞬变电磁测深、大功率激电、高精度磁法等新技术、新方法及多种方法的组合应用，为寻找隐伏、半隐伏矿床及解决大瑶山西侧中南段找矿中一些技术难点问题提供了新的技术和手段。

近年来，遥感技术也得到了较快的发展，多平台、光谱分辨率和多空间分辨率遥感技术为找矿勘查提供了基础数据。森林景观区浮土覆盖厚，如何有效地应用遥感技术开展区域地质研究及找矿靶区优选工作，尚处于探索研究阶段。

# 2　成矿地质背景

## 2.1　区域大地构造环境

大瑶山位于华南板块的西段，处于扬子板块与南华活动带的拼接带，属南华活动带（见图 2-1）。测区属桂中凹陷带与大瑶山隆起的交接部位。该区自晚元古代以来，经历了广西运动（加里东）、东吴运动、印支运动、燕山运动等多期构造运动，地质构造复杂，是广西重要的铅锌、铜多金属成矿区（带）之一。

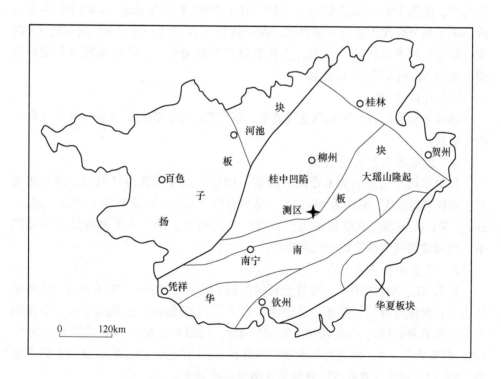

图 2-1　广西大瑶山大地构造分区

（据黄启勋，2000；广西壮族自治区区域地质调查研究院，2019 年，修编）

## 2.2　成矿地质背景

### 2.2.1　区域地质构造背景

大瑶山西侧中南段位于"广西山字型构造"前弧东翼内侧，桂中凹陷东部边缘与大瑶山隆起的过渡地带，属活动性较强的大陆边缘，是一个建立在加里东构造旋回基础上的强张裂走滑陆缘盆地。桂中凹陷是一个晚古生代形成的大型沉积凹陷区，区内广泛分布晚古生代沉积盖层，以碳酸盐岩建造为主，褶皱基底仅在北部出露震旦系和寒武系，岩浆活动微弱；大瑶山隆起寒武系大面积分布，形成褶皱基底，广西运动使褶皱隆起，盖层沉积不发育。区内构造活动频繁，经历了从加里东旋回至喜马拉雅旋回的各个构造旋回。加里东构造旋回沉积形成的寒武系组成了基底构造，在广西运动之后，褶皱成为近 EW 和 NE 轴向的紧密线状复式褶皱，其上沉积盖层在中北部总体为大致倾向西的单斜构造，在南部则形成轴向沿大瑶山南西侧鼻状隆起周缘分布的向斜构造。断裂构造以 NE 向和近 SN 向为主，次为 NW 向和近 EW 向。其中 NE 向的凭祥-大黎及近 SN 向的永福-东乡两条区域性复合深大断裂贯穿测区，其旁侧伴生发育的一系列 NE 向及近 SN 向次级断裂控制着测区铅锌、铜、重晶石等矿产的分布；NW 向断裂多为后期断裂，切割 NE 向及近 SN 向断裂。

#### 2.2.1.1　褶皱

该区主要发育有加里东期复式褶皱、华力西—印支期的三里向斜及印支期的六仁向斜。

A　加里东期复式褶皱

加里东期复式褶皱为紧密线状褶皱，构成一些复式背斜及向斜，由马古背斜、给社向斜组成。轴向为 NEE-NE，局部有分支现象，出露长 25~27km，宽 2~5km，局部有倒转。次级褶皱发育，组成复式褶皱，轴部及翼部地层均为寒武系。褶皱的两端均被下泥盆统所覆盖。

B　三里向斜

轴向 NE，NE 端扬起，属斜歪开阔向斜。长大于 13km，宽 4.5km，核部地层为下石炭统鹿寨组，翼部地层为泥盆系大乐组-五指山组的碳酸盐岩夹少量泥岩、泥灰岩及硅质岩。SE 翼倾角为 30°~45°，局部大于 60°；NW 翼倾角为 20°~40°，局部大于 45°。向斜两翼被断层破坏而出露不完整，SE 翼部分被第四系覆盖，NE 端出现分支并在 NW 翼发育次级指状小褶皱。

C　司律向斜

司律向斜长约 10km，宽约 5km，轴向弯曲，南部为近 EW 向，北部为

NE50°。轴线呈起伏状，岩层倾角变化大，两翼边缘陡，为 60°~80°，甚至倒转，而轴部平缓，为 15°~30°，其变化是逐渐过渡的，但总的趋势是南翼或南东翼倾角陡、北翼和北西翼倾角平缓的不对称向斜，次级褶皱不发育。轴部地层为上二叠统合山组及大隆组，翼部为泥盆系—二叠系。

2.2.1.2 断裂

断裂构造以 NE 向和近 SN 向为主，次为 NW 向和近 EW 向，主要断裂有 NE 向的凭祥-大黎及近 SN 向的永福-东乡两条区域性复合深大断裂。

A 永福-东乡断裂

永福-东乡断裂为区域性断裂，走向近 SN，从南到北贯穿全区，并延至区外。断裂倾向 E，倾角为 57°，总体为逆断层。断裂破碎带断续可见，宽 1~10m，由强烈的硅化、角砾岩及断层泥组成。断裂切割了泥盆系，断层两侧岩层可见牵引褶皱，局部见有擦痕及滑面，断距 200~500m。沿断裂带有铅、锌、铜、重晶石等矿化现象。

B 凭祥-大黎断裂

凭祥-大黎断裂为区域性大断裂，属于大黎断裂的西段，走向 NE，贯穿全区并延至区外。断裂倾向 SE，倾角为 50°~65°，属逆断层。断裂切割了寒武系及泥盆系，断距大于数百米，破碎带宽数米至数十米，构造透镜体、糜棱岩、断层角砾岩、硅化、劈理及擦痕等现象较普遍，部分地段硅化强烈。该断裂在区域上控制岩浆岩活动及内生矿产分布。

永福-东乡及凭祥-大黎两条断裂在东乡以南相交。受其影响，旁侧还伴生有近 SN 向、近 EW 向、NW 向等小断裂及一些层间破碎带。这些伴生的断裂构造是该区主要控矿、赋矿构造。

### 2.2.2 主要地层分布特点

区域上出露地层有寒武系、泥盆系、石炭系、二叠系及第四系（见图 2-2）。大瑶山具有以前寒武纪地层为褶皱基底，以晚古生代地层为沉积盖层。测区出露最老地层为下古生界地层。

2.2.2.1 下古生界

寒武系：分布于大瑶山隆起区，为一套碎屑岩，具复理式建造，岩性为含砾不等粒砂岩、长石石英砂岩、泥质粉砂岩夹多层炭质泥岩。由于受区域变质作用影响，地层普遍发生轻度变质，形成轻变质中-细粒砂岩、轻变质粉砂岩、绢云板岩。黄洞口组出露于区内的南部及东部，其底部为厚层状含砾长石石英砂岩、长石石英砂岩，顶部为细砂岩、粉砂岩、粉砂质页岩、页岩，呈不等厚互层，与上覆泥盆系角度不整合接触。黄洞口组第一段、第二段岩性主要为砂岩、粉砂岩、页岩及粉砂质页岩。浅海相砂页岩、志留系、奥陶系缺失。

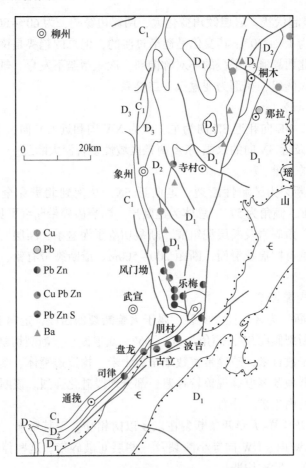

图 2-2　大瑶山西侧中南段地质矿产简图

### 2.2.2.2　上古生界

上古生界出露较齐全, 主要分布于大瑶山西侧的中-南部一带, 滨岸碎屑岩相、碳酸盐台地相和斜坡-台间海槽相三个相区均发育。

泥盆系: 主要为泥灰岩、灰岩、白云岩及泥岩, 并夹有砂岩, 代表滨海或开阔台地的近岸浅水沉积环境, 为测区的含矿层位, 下泥盆统角度不整合于寒武系之上。下泥盆统主要为莲花山组 ($D_1l$): 紫红色砂岩、粉砂岩夹泥岩; 上伦白云岩组 ($D_1sl$): 白云岩夹少量白云质灰岩; 二塘组 ($D_1e$): 泥灰岩、灰岩互层夹泥质灰岩; 官桥白云岩组 ($D_1g$): 白云岩偶夹少量灰岩、泥岩; 大乐组 ($D_1d$): 灰岩、泥灰岩。中泥盆统有应堂组 ($D_2y$): 泥岩夹泥灰岩、生物屑灰岩夹燧石团块灰岩; 东岗岭组 ($D_2d$): 灰岩夹白云岩及少量泥灰岩, 顶部夹有硅质岩。上泥盆统有榴江组 ($D_3l$): 硅质岩、泥质硅质岩夹硅质泥岩; 五指山组 ($D_3w$): 扁豆状灰岩及泥质条带灰岩。

石炭系：分布于象州县以西至黄茆一带，以碳酸盐台地相沉积为主，其次为海陆交互相碎屑岩，局部为硅质岩。主要为下统鹿寨组（$C_1lz$）：黑色泥岩夹硅质岩、灰岩；巴平组（$C_1b$）：灰岩、泥灰岩；上统大埔组（$C_2d$）：白云岩；黄龙组（$C_2h$）：灰、浅灰色厚层块状灰岩，生物屑灰岩，底为粗晶灰岩；马平组（$C_2m$）：灰白色中厚层灰岩、生物碎屑灰岩、白云质灰岩。

二叠系：分布于石炭系西侧，中统为浅海相燧石灰岩、灰岩、硅质岩，上统为滨海、海陆交互相砂岩、页岩。中统有栖霞组（$P_2q$）：含泥质条带和结核薄-厚层状灰岩；茅口组（$P_2m$）：浅灰色厚层块状灰岩，局部夹白云岩、白云质灰岩；上统合山组（$P_3h$）：泥质灰岩、泥灰岩夹煤层及少量硅质条带；大隆组（$P_3d$）：硅质岩、泥岩、砂岩夹凝灰岩。其与下统为平行不整合接触。

#### 2.2.2.3 新生界

第四系：分布于中部、东南部和西南部。按成因和构成的阶地，分为临桂组（岩溶堆积）、望高组（二级阶地洪冲积）、桂平组（一级阶地及河床洪冲积）。

### 2.2.3 岩浆岩及岩浆系列特点

测区岩浆岩不甚发育，仅有少量酸性花岗岩和煌斑岩脉、辉绿岩脉侵入。

#### 2.2.3.1 花岗岩

大进花岗岩体：位于测区北东角，呈椭圆形产出，侵入于寒武系背斜轴部，面积 $4km^2$。岩体中有石英脉和伟晶岩脉出现，岩脉含铜钨矿。岩体侵入时代推测为燕山期。

西山花岗岩体：位于该区南东角，呈椭圆形产出，侵入于奥陶—泥盆系，面积 $63.5km^2$，侵入时代为中侏罗世—晚侏罗世。

#### 2.2.3.2 岩脉

煌斑岩脉分布于该区南部寻逢及其南西，侵入于寒武系中；辉绿岩脉分布于西山花岗岩体西侧，侵入于泥盆系中。

区内的岩浆岩为小面积的花岗岩体和一些岩脉产出，主要分布于图幅东部大瑶山一带。花岗岩岩体主要是大进花岗岩体，分布在东部边缘寒武系地层中，主要由细粒花岗岩组成，局部有铜、钨、锡矿化。岩脉主要有花岗岩脉、辉绿岩脉、石英斑岩脉、闪长岩脉、煌斑岩脉，呈岩墙产于大瑶山的寒武系及泥盆系地层中。

侵入岩形成时代以加里东期和燕山期为主，少量形成于华力西期和喜马拉雅期。其中，岩浆岩对金银成矿具有控制作用，而对区内铅锌成矿的影响不明显。

据航磁和重磁资料推测，在象州县寺村、武宣县的古寨、九贺、东乡深部有隐伏花岗岩体，其埋深均在 1000m 以上（广西壮族自治区地质矿产局第七地质队，1994；广西壮族自治区地质矿产局，1997）。

### 2.2.4 变质作用

受加里东期低压型区域动热变质作用，测区受变质地层主要为寒武系。变质岩石种类简单，主要为具复理石建造的轻变质砂泥岩、变质泥质灰岩；变质矿物主要为绢云母、白云母等，属低绿片岩相的绢云母-白云母变质带。

## 2.3 区域地球物理、地球化学特征

### 2.3.1 区域地球物理特征

#### 2.3.1.1 区域重力场特征

大瑶山重力异常区主要受 NE 向的凭祥-大黎区域性复合深大断裂带控制，区内的布格重力负异常中心大都有酸性、中酸性岩体分布；以象州-桂平一线发育的 NW 向断裂为界，大瑶山复杂异常区可分为西南、东北两段，西南段主要表现为相对重力高，东北段表现为相对重力低，测区即处于这两个区域的过渡地带。东北段西南端为一个椭圆形、长轴走向 NW 的相对重力低布格异常（≤−48mgal），其东北侧与由大进花岗岩体引起、NE 走向的重力负异常带连接融合。在剩余重力异常图上，该异常分化为 4 个至 5 个局部的剩余重力负异常，大致围绕布格重力低异常的边缘（即出中平-六巷、水岩-寺村、风门坳、东乡-河马、紫荆-垌心）分布，推断为隐伏酸性、中酸性岩脉或岩株引起；而布格重力低异常即是这些隐伏酸性、中酸性岩脉或岩株集中分布的反映，表明它是一个岩浆活动带（广西壮族自治区地质矿产局，1997）；该岩浆岩带既受 NE 向凭祥-大黎深大断裂带控制，也明显受 NW 向断裂构造控制。

大瑶山西侧地区处于桂中凹陷的东缘，布格重力异常值在 $-25 \times 10^{-5} \sim -35 \times 10^{-5} \mathrm{m/s^{-5}}$，大致呈 NE 向不规则状展布，属重力高带异常（见图 2-3）。

#### 2.3.1.2 区域磁场特征

据 1:50 万广西航空磁力异常图显示，测区磁场 $\Delta T$ 均为正值区（即正磁场），场值在 20~50nT 之间，局部零星可见高磁力磁场。据航磁推测，在象州县分布有寺村隐伏花岗岩体，长 8km，宽 3km，埋深 1300m。在武宣县分布有古寨、九贺、东乡三个隐伏花岗岩体，其规模及埋深分别为：古寨岩体长 7.5km，宽 5.5km；九贺岩体长 4km，宽 3.3km；东乡岩体长 14km，宽 3~7km。埋深 1000~1500m（广西壮族自治区地质矿产局，1997）。

在 1:20 万航空磁力异常图中，测区处于桂中正磁异常区的相对高值磁场，$\Delta T$ 场值在 20~50nT 之间。在低缓区域背景上，叠加几个局部高磁力异常，其中武宣—象州一带存在 200 号和 232 号两处高磁异常（见图 2-4），与剩余重力低异

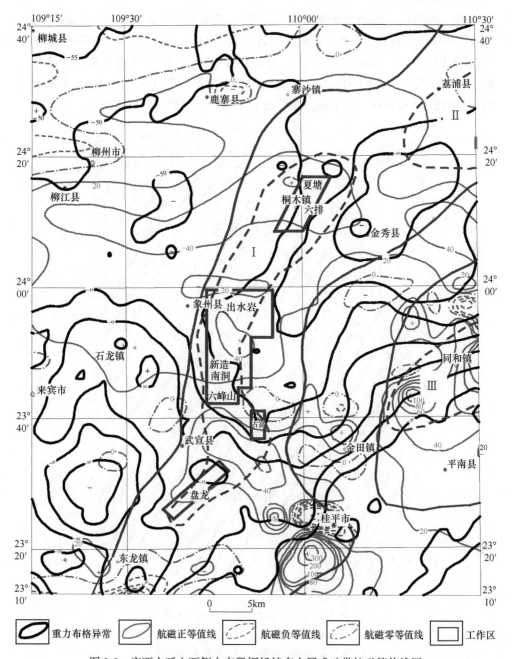

图 2-3 广西大瑶山西侧中南段铜铅锌多金属成矿带航磁等值线图

常吻合，推测高磁异常与隐伏岩体磁性矿化蚀变带有关。200 号低缓高磁异常位于三里—东乡一带，两个高值中心呈哑铃状，面积约 300km$^2$，磁异常值 $\Delta T_{max} = 40$nT，$\Delta T_{min} = -40$nT，经电算数据处理，分解为 3 个局部异常，与剩余重力低异常吻合，推测磁异常为 3 个隐伏岩体引起，即东乡隐伏岩体，长 14km，宽 3~7km，埋深约 1000m；三里北部隐伏岩体，长 7.5km，宽 5.5km，埋深约 1200m；九贺隐伏岩体，长 4km，宽 2.5km，埋深约 1500m。232 号高磁异常位于象州县妙皇寺村一带，面积约 50km²，$\Delta T_{max} = 50nT$，与剩余重力低异常吻合，推断与寺村隐伏岩体（长 8km，宽 4km，埋深约 1300m）磁性矿化蚀变带有关。

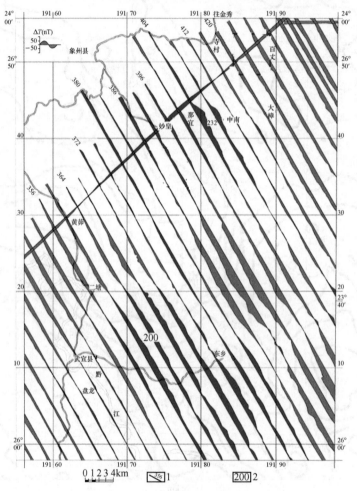

图 2-4　1:20 万航磁 $\Delta T$ 剖面平面图

(引自广西桂中地区航磁工作报告，1984 年，陈义雄)

1—航磁 $\Delta T$ 剖面线及编号；2—航磁 $\Delta T$ 异常编号

综上，重力、航磁推测的这些可能深埋有隐伏岩体的地带，多发现重晶石、铜铅锌及钨、锡等矿化。这也说明，区域上的隐伏岩体对成矿具有一定的影响作用，存在隐伏岩体的区域可能会存在隐伏矿体。引起重力、航磁异常推测的隐伏岩体如图 2-5 所示。

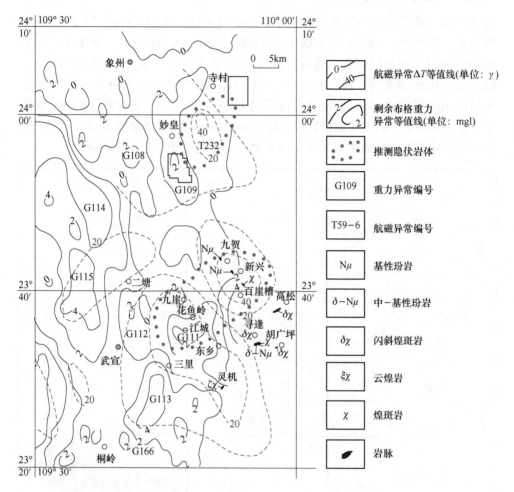

图 2-5　区域预测隐伏岩体分布示意图

### 2.3.2　区域地球化学特征

大瑶山西侧地区含矿岩石主要是下泥盆统的白云岩，白云岩夹灰岩、其 Pb、Zn、Cu 元素的平均丰度为 $121\times10^{-6}$、$101\times10^{-6}$、$7.3\times10^{-6}$，均大于岩石地壳平均值，为该区重要的含矿母岩。另据 1:20 万及 1:5 万化探资料显示，在妙皇—新造—六峰山及波吉—盘龙—司律一带，分布有与断裂构造、含矿层位吻合良好的 Pb、Zn、Cu 元素化探异常（见图 2-6），异常规模大、强度高且连续性好。Pb、Zn、Cu、Ba、Cd 异常与区内含矿建造及铅锌矿床（点）的空间分布紧密相伴，对区内已知的铅锌矿床（点）反映极好，异常分布与构造线基本一致，有呈 3 个方向分布的特征。花蓬-新造-六峰山异常带异常规模为 SN 向，长约 47km，宽 5~10km，异常含量一般为铅含量大于 $1000\times10^{-6}$，锌含量大于 $300\times10^{-6}$，铜含量大于 $100\times10^{-6}$；

波吉-司律异常带在区域上呈 NE 向延伸，长约 40km，宽 2~3km，以 Pb、Zn 异常为主，异常含量一般为 Pb $100×10^{-6}$~$300×10^{-6}$，Zn $100×10^{-6}$~$300×10^{-6}$。江城-寺村河蚌壳型背斜西翼的武宣乐梅村-象州热水村异常带呈北西向分布，Cu、Pb、Zn、Ba 异常发育。Pb、Zn、Cu、Ag、Cd、Ba 异常的空间分布特征与新造-风门坳-花鱼岭近 SN 向断裂密集带及邓村-朋村-盘龙 NE 向断裂密集带的空间展布特征基本吻合，则说明铜铅锌多金属的成矿与断裂构造活动关系密切。经勘查发现这些异常都与实地矿点（体）比较吻合，有进一步找矿空间和潜力。

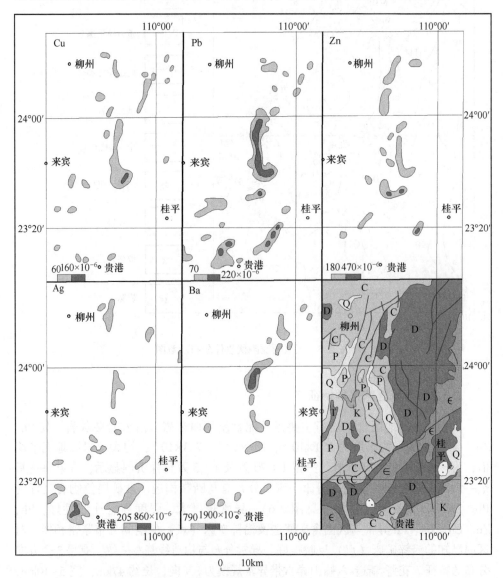

图 2-6　广西大瑶山西侧铜铅锌多金属成矿带异常剖析图

# 2.4　遥感地质特征

经 TM 遥感影像解译，大瑶山地区 TM 影像图上显示深绿色调，粗斑块，条带状图像，水系呈树枝状，山体宽大，山脊线明显，近 SN 向大型线性影像大多为断裂构造的直接显示，尤以大瑶山西部地区为甚；环形影像反映岩体群、隐伏岩体的存在。

# 3 测区成矿特点、矿化类型、控矿因素

## 3.1 铅锌矿成矿特点

### 3.1.1 现有矿产资源基本状况

大瑶山中南段随着构造-岩浆旋回的发展和演化,在不同构造背景下形成了特有的矿物组合。

测区矿产可分为金属、非金属矿产,以有色金属矿产为主,主要有铅锌矿、铅锌铜矿和铜矿,共有铅锌矿床(点)40个,铅锌铜矿床(点)3个,铜矿床(点)29个,已探明的铅锌矿床有盘龙、花鱼岭、朋村、古立、九岩、古显等一批大、中、小型矿床,三里小型锰矿床。在这些矿产中主要由单一矿产、多金属组合矿产、堆积的铁锰矿3部分组成,有约80%的矿产以多金属组合矿产的形式存在,是大瑶山成矿带的一个重要特点。

### 3.1.2 已知主要金属矿产规模及主攻矿种

为了查明测区矿产规模及矿产组合的成矿特点,对该区已发现的矿产地数量进行了统计。已勘查探明了几十处大、中、小型矿床(点),其中盘龙铅锌矿床、妙皇铜铅锌矿床为大型矿床,古立铅锌矿床、朋村铅锌矿床等属规模较大的中型铅锌矿床。主攻铅、锌矿种,其中以铅锌矿、重晶石矿为主要矿产,且两个矿种常为伴生。

区域上自南向北形成 Pb、Zn-Cu-Ba 组合成矿带。矿体赋存于下泥盆统上伦白云岩-中泥盆统东岗岭组碳酸盐岩建造的白云岩中。含矿层位由北而南的岩性、岩相递变,在成矿元素及矿床组合上呈有规律的变化:由北部以泥岩、泥质灰岩及生物碎屑灰岩为主的混合陆棚相及开阔台地潮坪相过渡到南部以白云岩为主的局限台地潮坪-潟湖相开阔台地边缘生物礁滩相,由北而南显示的 Cu、Ba(Pb)→Cu、Pb、Zn→Pb、Zn→FeS$_2$ 的成矿元素水平分带,即北部以铜、重晶石矿床为主,中部以铜、铅锌矿床为主,南部则以铅锌-黄铁矿床为主。

该区优势矿产铅锌多金属矿主要分布于隆起边缘的朋村、盘龙、六峰山等地区,赋矿层位主要为下泥盆统上伦白云岩、官桥白云岩及中泥盆统东岗岭组,赋

矿岩性主要为白云岩。另外，铅锌矿的产出受近 SN 向的永福-桐木及 NE 向的凭祥-大黎两条区域性复合断裂旁侧的伴生次级断裂影响和控制。铅锌矿的成因类型主要为沉积-热卤水改造型。典型矿床有朋村、盘龙等大型矿床。

从上述统计结果可以看出，在该区铜、铅、锌、银及其组合是今后工作中应主攻的矿种，它们不仅产出的矿床（点）多，而且成为工业矿床的概率高，是今后找矿的重点和进一步评价的目标。

# 3.2 主要矿化类型及特点

## 3.2.1 主要矿化类型

依据测区成矿地质作用构造环境、成岩成矿作用特点、成矿方式与成矿元素组合，在对该区主要矿产地进行地质调查的基础上，充分应用有关资料，将矿床类型划分为热液充填交代型、层间滑动破碎带、沉积改造型。

该区最主要的矿化类型为与岩浆热液作用有关、与海底喷发沉积作用有关的两个类型。该区重要矿化类型主要与内生成矿作用有关。与海底喷发沉积作用有关这种矿化类型是区内占比大、分布范围广、最具有找矿潜力的类型，也是今后找矿的主攻类型。

### 3.2.2 已知矿种矿产规模与矿化类型的关系及对找矿潜力的评价

#### 3.2.2.1 铅锌矿与矿化类型的关系

为了进一步了解不同矿产与主要矿化类型的关系，按单一矿种和不同成矿元素的多金属组合进行分析，该区单一的主要矿种为 Cu、Pb、Zn、Ag 等，其成因类型是与岩浆热液作用有关、与海底火山喷发沉积作用有关的两个类型。

总之，该区与 Cu、Pb、Zn、Ag 有关的多金属组合矿床的成因类型主要是海底喷发沉积型。实际地质工作过程对某一个矿床成因类型的认识不一致，但是应随着工作的不断深入和对成矿作用认识的逐步提高，结合区域成矿环境和该区的成矿特点，总结成矿规律和控矿因素，这样可使今后找矿勘查工作少走弯路，并在较短时间内取得重大突破。

#### 3.2.2.2 已知矿床规模与矿化类型的关系

根据收集的资料，该区已有大、中、小型矿床共 40 处。

该区域矿床的矿化类型主要与岩浆热液作用有关、与海底火山喷发沉积作用有关的两个类型，与上述不同矿产中形成的矿化类型基本相同。另外，该区与火山海底喷发沉积作用有关的工业矿床占 11%，其中有大型矿床 2 处（盘龙铅锌矿床、妙皇铜铅锌银矿床）、中型矿床 2 处（朋村、古立铅锌矿床），占该区已知大、中型矿床的 50%，该类型矿床应有较大找矿前景。

### 3.2.3  主要矿化类型矿床特征与成矿系列

从成矿地质环境、矿床特征等方面对该区已知矿产主要矿化类型进行了对比，见表3-1。

**表3-1  大瑶山中南段主要矿化类型及成矿地质特征**

| 地质特征 | | 主要矿化类型 | | |
|---|---|---|---|---|
| | | 与岩浆热液作用有关 | 与海底火山喷发沉积作用有关 | 古岩溶型 |
| 成矿地质环境 | 构造背景 | 中生代断隆区或边部，深大断裂旁侧 | 中、新生代火山断陷 | 中生代断隆区或边部，深大断裂旁侧 |
| | 成矿地质特征 | 赋矿围岩主要为晚古生代的白云岩、白云质灰岩、砂岩 | 含矿地层为上泥盆统上伦组白云岩、二塘组白云质灰岩，成矿与火山喷发向沉积转化有关 | 下泥盆统二塘组古岩溶中，含矿围岩为灰岩或白云岩 |
| | 控矿构造 | 矿床受北东向、近南北向深大断裂旁侧次级断裂、裂隙带控制或几组断裂交汇构造的控制 | 成矿受断裂构造交汇部位的火山机构控制，火山机构具环状、放射状断裂构造 | 近南北断裂控制 |
| 矿床特征 | 主成矿元素与成矿关系 | Pb、Zn 多金属系列；Cu、Pb、Zn 多金属系列；Cu、Pb、Zn、Ag 多金属系列 | Pb、Zn 多金属系列；Pb、Zn 多金属系列；Pb、Zn、Ag 多金属系列 | Zn、Cu 多金属系列 |
| | 主要蚀变及组合 | 硅化、黄铁矿化、白云石化 | 硅化、黄铁矿化、白云石化 | 硅化、白云石化 |
| | 矿体形态 | 似层状、透镜状、脉状 | 似层状、透镜状 | 不规则状、扁豆状、透镜状、筒状 |
| 代表性矿床及成矿亚类 | 热液充填-交代 | 妙皇铜铅锌矿床 | 盘龙铅锌矿床、朋村铅锌矿床、古立铅锌矿床（属海相喷发沉积-热液矿床） | 九崖铅锌矿床、鸡冠岭铅锌矿床 |

# 3.3 主要控矿因素

大瑶山中南段铅锌矿床受大地构造位置控制，成矿作用受岩相古地理、岩浆热液活动、大断裂活动等制约，铅锌矿床的分布明显受地层、岩性和构造等因素的联合控制。

### 3.3.1 构造对成矿的控制作用

区内构造活动频繁，经历了从加里东旋回至喜马拉雅旋回的各个构造旋回。该区铅锌矿成矿主要与加里东运动后的不整合面上、下构造层有关，即与多数矿床（点）位于海西—印支期构造层有关。

3.3.1.1 基底构造对成矿的控制作用

加里东构造旋回沉积形成的寒武系组成了基底构造，广西运动之后，褶皱成为近 EW-NE 轴向的紧密线状复式褶皱，大瑶山基底岩层由寒武纪岩层的褶皱基底组成基底地层，为寒武系黄洞口组砂页岩（$\epsilon h^3$），岩层倾角较大，厚度不详。该矿床受桂中盆地构造单元控制，分布在桂中盆地东部边缘与大瑶山隆起构造单元过渡的地带，呈 NE 近 45°方向展布。由于经历了自元古宙到晚古生代的多次构造运动，致使基底高度破碎且有高度的渗透性，伴随构造运动产生强烈的火山喷发，带来 Cu、Pb、Zn、Ba、Ag 等大量成矿元素，形成某些成矿元素的初始矿源层。

3.3.1.2 盖成构造对成矿的控制作用

在加里东运动后，整个海西—印支旋回（400~205Ma）广西大瑶山地区处于相对稳定的盖层发育阶段，晚古生代—三叠纪发育一套台地式海相砂泥质岩-碳酸盐岩沉积建造。该区盖层为中下泥盆统白云岩、灰岩等，岩层倾角平缓，一般在 15°~30°，最大不超过 40°，与基底岩层呈角度不整合接触。盖层褶皱断裂的展布受基底构造制约，主要是 NE 向、NW 向组基底断裂（或称同沉积断裂）活动控制其形成与演化，并具有继承性特征。盖层受华力西末期的东吴运动及印支运动的作用，除了在东部形成了三岔背斜及在南部则形成轴向沿大瑶山南西侧的鼻状隆起周缘分布的三里向斜和六仁向斜构造外，其余为大致倾向西的单斜构造，控制泥盆系沉积相分布及铅锌矿床（点）的展布。

3.3.1.3 深大断裂系统对成矿的控制作用

自印支期开始，地槽回返，多次强烈的构造运动，在大瑶山中南段形成以北东、近 SN 向深大断裂系统。该区内有深大断裂两条（见图 3-1 和表 3-2），并派生了一系列低序次的近 SN 向、NW 向断裂，构成网格状断裂系统。两条深大断裂由于在断裂类型、形成时代、断裂性质等方面各不相同，在地球物理场反应、活动方式和演变特征等方面都有明显差异，但它们分别以 NE 向、近 SN 向展布为显著特征，这主要是加里东时期扬子板块与华夏板块挤压作用的加强，加之基底构造控制，使这两个方向深大断裂进一步得到加强。

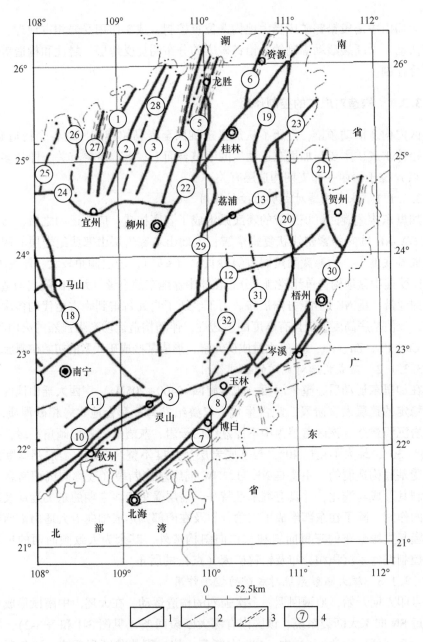

图 3-1　大瑶山中南段深大断裂分布图

(据广西壮族自治区地质矿产勘查开发局，2006，修编)

1—区域性大断裂；2——一般主要断裂；3—韧性剪切带；4—断裂编号

表 3-2 广西大瑶山中南段主要深大断裂特征简表

| 断裂及级别 | 编号 | 断裂名称 | 展布方向 | 断裂与地层的关系 | 形成时代 | 断裂性质 | 岩浆活动 | 地质依据及意义 |
|---|---|---|---|---|---|---|---|---|
| 深大断裂 | (29) | 永福-东乡深大断裂 | 近SN向 | 切割泥盆系 | 雪峰期 | 逆断层 | $\Sigma_2^3$、$N_2^3$、$\beta$、$Pt_3dn$、$\gamma_5$ | 为龙胜-永福深大断裂的南延部分，走向近南北，南起武宣东乡，经中平、桐木到永福。属复合断裂，控制重晶石、多金属矿。具韧性变形特征 |
| | (12) | 通挽-大黎断裂 | NE向 | 切割寒武系和泥盆系 | 加里东期 | 逆断层 | $\gamma_3$、$\beta P_2$、$\beta t_1$、$\Lambda T_1$、$\Lambda T_2$、$\gamma_5^1$、$\gamma_5^2$、$\Sigma_6$ | 为凭祥-大黎深大断裂的中段，走向北东，自武宣通挽、藤县大黎至桃花、昭平樟木，向北与富川断裂相交。属复合断裂，控制岩浆活动及金矿分布 |

深部地球物理重力、磁场、遥感、地质等方面的资料证实，深大断裂活动时间长，形成时间大多始自早古生代（或元古宙），中生代又得到复活；规模大，延长从几百千米到上千千米；切割深度大（深达硅铝层-硅镁层），往往有"S"形花岗岩分布，说明有幔源物质沿断裂通道上侵。NE 向深断裂主要构成不同地质构造单元的分界线及板块古俯冲带，对沉积盆地、沉积相带的形成与演化有明显控制作用，同时严格控制了区内印支—燕山期岩浆的侵入与喷发活动规模和空间分布，并对区域主要成矿带有重要的控制作用。如 NE 向凭祥-大黎深大断裂主要控制岩浆深部熔离-晚期岩外贯入型 Cu-Ni 矿（金秀龙华铜镍矿床）和热液型 Cu、Pb、Zn、Au、Ag 等多金属矿床、矿点。

大断裂一般规模较大，在空间上延深百余千米至数百千米，一般切割到基底岩层但不切穿硅铝层，在该区主要呈 NW 向、SN 向、NE 向分布。断裂性质以张性或先压后张为主，尤其与 NE 深断裂配套的 NW 向大断裂都以张性为主，其张性特征在早白垩世有更加明显的表现。NW 向大断裂多为断裂密集的高渗透地段，与次级的 NE 向断裂成为沟通岩浆源及岩浆热液上升的通道，便于携带金属元素的热液运移、交代富集成矿，常构成热液充填交代型矿化集中分布区，形成了盘龙、朋村、古立铅锌多金属矿床和矿化密集分布区。

从表 3-2 可看出，NE 向及 NW 向多为共轭断裂，大多在中生代以前已形成，中新生代又重新复活，它们无论是对区域基本构造的制约，还是对晚期中生代岩浆活动和成矿作用的控制，都起着十分重要的作用。该区盘龙、朋村、古立 3 个矿化密集区，也是 NE 向、NW 向断裂构造较发育的地区。

晚古生代早期扬子板块与华夏板块最终拼合，大瑶山地区由两大板块之间的增生、扩展、拼合转化陆内造山阶段。随着扬子板块与华夏板块挤压作用的加强，在继承利用原有基底深大断裂的基础上，由于板块之间的差异升降运动，在印支—燕山期本区总体上形成了 NE—NNE 向展布的断裂隆起带和坳陷带。断隆的边缘往往是形成矿床的有利部位，该部位是火山-岩浆活动的高地热活动区，火山机构沿深大断裂或次级断裂频繁出现，具有良好的热动力源，形成火山物质和岩浆活动的良好通道。热液活动带来大量金属成矿元素，在有利的地质构造环境沉淀成矿，如盘龙铅锌矿、朋村铅锌矿等，均产生在桂中凹陷（复向斜）中地块隆起的边缘或旁侧，形成沉积改造型、热液交代型的矿床（点），成矿明显地受海底火山通道等的控制。

区域性大型断裂构造不仅控制了不同构造阶段的沉积建造或岩浆活动，同时对地质时期中凹陷与隆起的展布与演化起着一定的制约作用。深断裂的形成与发展常伴随强烈的构造运动，是成矿物质形成和富集的动力，是矿源和热源的传递通道，也是成矿物质富集沉淀的容矿空间。

该区泥盆系—二叠系中形成以 NE 及 NNE 向为主的褶皱断裂构造，主要表现在对先存的构造进行叠加改造作用，其结果造成矿化的再富集或对矿体破坏。

近南北向永福-东乡深大断裂形成于雪峰期。在广西运动后，古北 NE 向断裂复活或因地壳拉张或拉张走滑产生新的 NNE 向同生沉积断裂。同生沉积断裂控制了次级线形盆地或凹陷地相组合，也控制了同生期的含矿热水溶液的运移、交代或海底喷流作用活动，形成矿源层或同生矿床。而后，成矿期时，断裂继承性活动，驱动成矿热液循环、沿断裂上升至有利构造岩性部位、叠加、改造形成层控铅锌矿床。即泥盆纪时，同沉积断裂活动不仅控制了泥盆纪沉积盆地、沉积相带的形成与演化，而且也控制了盘龙铅锌矿床等层控型铅锌矿床。永福-东乡深大断裂带西侧次级同向断裂控制的脉型矿床，如妙皇铜铅锌银矿床、凤沿铅锌矿床。NE 向凭祥-大黎深大断裂形成于加里东期，在印支运动时强烈挤压成为逆冲断裂，成为构造运动岩浆活动的通道。中、新生代时，对陆相断陷盆地的展布和燕山期中酸性-酸性火山岩-侵入岩的分布及与花岗岩体有关铅锌矿床起到控制作用。

永福-东乡断裂与通挽-大黎断裂在武宣—东乡以南一带交汇，受其影响，其旁侧派生一系列近 SN 向、近 EW 向或 NW 向次级断裂和层间破碎带，这些次级断裂和层间破碎带直接控制了该区铅锌多金属矿体的产出。

### 3.3.1.4 中生代凹陷盆地对成矿的控制作用

桂中凹陷沿隆凹边缘过渡带和深大断裂带展布，铅锌矿床则产于桂中凹陷与大瑶山隆起的交接处，铅锌矿体主要赋存于印支期构造层与其下伏雪峰-加里东期构造层之间及呈角度不整合面上部的泥盆系碳酸盐岩地层中，其成矿作用及分布特征与密西西比河谷型（MVT）铅锌矿床相似，均明显受地质界面的控制。桂中凹陷处在一个特殊的地质构造环境中，桂中凹陷边缘矿床的形成是多种因素综合作用结果，沉积盆地在形成及演化过程中形成的盆地卤水、凹陷边缘岩浆活动产生的岩浆热液在成矿作用中扮演了重要角色。在泥盆纪盆地的形成与演化中，古陆之间发生陆-陆碰撞，造成地层挤压、褶皱、变质、隆起及大规模碰撞型花岗岩类岩浆活动，使海盆中形成的同生、准同生矿源层受到后期岩浆热液和构造热液的叠改造而形成层控热液型矿床。

### 3.3.2　泥盆纪岩相古地理与成矿关系

古地理环境的差异构成了不同的沉积环境，形成了不同的沉积相。在各沉积相中，由于物质来源、水动力条件、物理化学条件及生物种类的不同，形成不同的岩石类型。因此古地理条件（环境）-沉积相-岩石组合构成相互关联的体系，各类沉积岩和成矿元素的沉积所形成的矿源层也都是这一体系的产物。岩相古地理对铅锌的预富集起着控制作用，为矿床的形成提供物质来源、储存场所和封闭条件。

碳酸盐台地相是成矿带最主要的控矿相带。沉积相模式以朋村式为代表，控制铅、锌、黄铁矿、铜及重晶石矿床。矿层赋存于白云岩、生物碎屑灰岩组合中，在垂向上为滨岸碎屑岩向碳酸盐岩过渡的局限台地相。

大瑶山西侧铅锌矿床主要矿化层位为下泥盆统上伦白云岩、二塘组、官桥白云岩等，如武宣的盘龙、朋村等铅锌矿床；少数产于郁江组、那高岭组，如象州的妙皇铜多金属矿床。在铅锌矿床中，重晶石为主要脉石矿物。矿化围岩一般为潮坪-潟湖相的白云岩，包括粉晶白云岩、含生物碎屑白云岩、砂屑白云岩和礁白云岩等，也有的出现在灰岩，甚至泥灰岩中，如乐梅。矿化层位一般出现在海侵序列的上部，即由碎屑-泥质陆棚或碳酸盐缓坡向台地过渡的碳酸盐潮坪-潟湖相中。

### 3.3.3　岩浆及对区内内生矿床时空的控制作用

内生矿床的形成和分布都不同程度地受到岩浆活动的影响，岩浆活动为成矿提供了热源。热是成矿的主要动力机制之一，在岩浆热动力作用下，受热地下水循环速度加快，增强溶液活动能力，有利于围岩中的成矿物质活化转移到成矿热流体。陈懋弘（2020）认为，大瑶山地区各期成矿作用也与同期岩浆活动密切，岩浆活动对成矿的主要贡献是为成矿提供热来源，同时岩浆活动形成的热能场是驱使围岩成矿物质活化、运移、分配的重要因素。

测区岩浆岩未出露，但据航磁推测，在象州县分布有寺村隐伏花岗岩体，长8km、宽3km、埋深1300m。在武宣县分布有古寨、九贺、东乡三个隐伏花岗岩体，其规模及埋深分别为：古寨岩体长 7.5km、宽 5.5km；九贺岩体长 4km、宽 3.3km；东乡岩体长 14km、宽 3~7km。埋深 1000~1500m。其展布与成矿带展布基本一致，已发现矿床（点）在空间上与隐伏花岗岩体有一定联系。另外，位于该区北东部、南东部处有少量酸性花岗岩和煌斑岩脉、辉绿岩脉侵入。

### 3.3.3.1 花岗岩

大进花岗岩体位于该区北东部约 50km 处，呈椭圆形产出，侵入于寒武系背斜轴部，面积 4km²。岩体中有石英脉和伟晶岩脉出现，岩脉含铜钨矿。侵入时代推测为燕山期。

西山花岗岩体位于该区南东部约 30km 处，呈椭圆形产出，侵入于奥陶—泥盆系，面积 63.5km²，侵入时代为中侏罗世—晚侏罗世。

### 3.3.3.2 岩脉

煌斑岩脉分布于该区南部寻逢及其南西，侵入于寒武系中；辉绿岩脉分布于西山花岗岩体西侧，侵入于泥盆系中。

燕山期是广西铅锌成矿作用鼎盛时期，尤以燕山晚期花岗岩类成矿岩体矿化最强烈，形成了广西的主要大、中型矿床。燕山早期花岗岩类成矿岩体主要分布于大瑶山隆起南侧边缘凹陷带上，如桂平凤凰岭矽卡岩型硫锌矿床（中型）产于西山复式岩株东侧接触带上。

该区碳酸盐岩广泛分布，岩浆岩不发育，但是层控矿床铅锌矿床（点）则较集中且多。说明了岩浆岩发育程度与热液矿床不存在明显的正相关关系，也不能否定岩浆活动对区内铅锌矿的成矿重要影响。作者认为岩浆活动对成矿作用主要表现在：（1）提供物源（主要成矿元素 Pb、Zn、S 和挥发分或矿化剂）；（2）提供热源（促使岩体周围受热的地下水对流循环、淋滤、活化地层中某些成矿元素转入热液体系中，也提供了部分矿质来源），其成矿流体部分来自岩浆，部分可能来自地下热卤水。因此，测区隐伏岩浆岩带，同时控制着内生矿产的空间分布。

### 3.3.4 矿源层演化特点及其对成矿的控制作用

矿源层是成矿金属元素的预富集层位。从地层元素丰度和浓集系统看，Pb、Zn 具多层位相对富集的特点，前寒武纪地层（$Pt_2sh \rightarrow Z$）可能是原始预富集层，寒武系、奥陶系和泥盆系可以作为矿源层（广西壮族自治区地质矿产勘查开发局，2001；孙邦东，2002）。根据成矿的构造背景及时代，测区可分 3 个矿源层。广西铅锌矿主要赋存于泥盆系中，其次为寒武系、奥陶系。

### 3.3.4.1 前寒武纪基底对后续成矿的贡献

与世界其他前寒武纪克拉通一样，古元古代之前，大瑶山地区海底火山活动十分广泛，为泛火山活动时期，岩浆活动无明显分异，而许多金属矿产的形成直接或间接与太古宙海底火山活动有关。

测区无太古宙地层出露，但该地层在世界上蕴藏着丰富的金、铜、锌、铁、镍、银和石棉等矿产资源。作为基底深部矿源层对大瑶山加里东期—燕山期岩浆热液活动提供矿源不言而喻的，在紧邻大瑶山南侧的已经发现六梅金矿、锡基坑铅锌矿等中-大型矿床。它们的形成与该地层有着密切关系，说明该地层为 Au、Pb、Zn 等后续成矿作用提供了物质来源。

元古宙海底火山活动趋于静，古元古代尚有一定的海底火山活动，总的以沉积作用为主。在全世界范围内元古宙形成了许多超大型矿床，如澳大利亚的布罗肯希尔铅锌矿储量大于 $5500 \times 10^4$t，芒特艾萨铅锌铜矿储量达 $1728 \times 10^4$t，加拿大的沙利文矿床铅锌矿储量大于 $2083 \times 10^4$t，南非的甘斯堡铅锌矿储量达 $1138 \times 10^4$t，中国内蒙古狼山-渣尔泰山矿带铅锌铜储量达 $1000 \times 10^4$t 以上，可见元古宙活动带岩层是寻找大型-超大型有色金属矿床的重要矿源层。

测区无元古宙地层出露，而相邻的北部桂北地区有出露。下-中元古界四堡群主要是一套半深海相轻变质砂泥质复理石建造夹基性-超基性火山岩，形成于拉张的裂陷槽环境，即晚太古代—早元古代扬子-华夏古陆西南部的陆内裂陷槽环境。上元古界丹洲群（青白口系）是一套由黑色页岩、灰绿色变质砂泥岩夹少量碳酸盐岩组成的浅海-半深海相地槽型沉积，形成于拉张的裂陷槽环境；南华系属滨岸冰水沉积，属广海槽盆相沉积，以长石石英砂岩为主夹粉砂质泥岩；震旦系为滨岸斜坡-滨凹地相沉积，岩性为一套浅变质的深灰色页岩、炭质页岩、硅质页岩夹白云岩，含磷、锰、黄铁矿、石煤等，属扬子古板块南缘陆坡沉积区（陈毓川，1995）。这一时期桂中地区在接受了大量滨海相碎屑岩、少量碳酸盐岩沉积的同时，也浓集了较多的金属成矿元素，成为含金属元素较高的矿源层。元古宙岩层对成矿作用的贡献突显在两个方面：（1）在以后的成矿作用过程中提供成矿元素，为矿床的形成起重要的矿源层作用；（2）在元古宙地质作用下直接形成矿床或初始的矿化浓集区，经后期改造成矿。第一种成矿作用以上元古界震旦系为代表，部分矿化元素的平均值均大于地壳克拉克值。

由于大瑶山处在特定的地质构造环境中，中生代以来受到滨太平洋板块的俯冲，元古宙的矿源层受到不同程度地改造，并且叠加了中、新生代的构造-岩浆作用，致使矿床成因更加复杂，矿化类型有所不同。前面的论述表明相邻地区成矿作用总的以岩浆热液作用为主，在成矿元素组合上表现出一定的继承性和相似性，这在一定程度上佐证了成矿与前寒武系矿源层有千丝万缕的因果关系。

元古宙地层对成矿的贡献还表现在：在有利的构造环境和物理化学条件下形成有工业价值的矿床或经后期热液改造富集地形成矿床，如在桂北的震旦系陡山沱组（Zd）中形成了赤铁矿床、河马锰矿床等。矿体产于页岩中；矿层顶板为炭质页岩，底板为硅质页岩；矿层与地层产状一致；矿体呈层状或扁豆状，与围岩界线不清或呈渐变关系。矿体完全受古元古代岩层的控制，为典型的沉积-变质型铁矿。

### 3.3.4.2 古生代褶皱基底演化及其对铅锌矿的控制作用

早古生代时期，大瑶山属于华夏古陆东南缘的地槽，从板块构造上划为华夏板块。这个时期构造岩浆活动剧烈，可分3个构造旋回，即雪峰构造旋回、加里东构造旋回、华力西构造旋回。每个旋回均由火山作用和岩浆侵入作用产生，在一些特殊的构造环境下形成铜铅锌多金属矿化或某些成矿元素的矿源层。该区古生代铁、铜、铅、锌多金属成矿作用发生在裂陷槽拉张时期，形成与海底火山-喷气沉积作用有关的矿产。古生界对成矿最有利的矿源层为奥陶系、泥盆系、石炭系、二叠系。

**A 早古生代构造演化及其对成岩成矿的控制作用**

桂北的雪峰旋回构造层由上元古界的丹洲群、南华系和震旦系组成，总体属岛弧优地槽型沉积的火山建造和类复理石建造。丹洲世末发生雪峰运动，结束了雪峰时期优地槽的发展历史，使岛弧和边缘海沉积褶皱隆起。由于雪峰运动的影响，大瑶山只在融安—三江一带有下寒武统的零星分布，中、上寒武统缺失，因此该区和桂北地区没有形成有工业价值的金属矿产。

早加里东旋回之后，原来的海槽由被动陆缘开始转为活动陆缘，钦防海槽由拉张扩展转为侧向俯冲、消减，形成岛弧和弧后盆地沉积。奥陶纪的中加里东旋回造山运动较早加里东旋回造山运动更加普遍和强烈，这是由于大洋板块加速运动并向两侧的大陆板块之下俯冲、消减的结果，因此奥陶纪是一个重要的成矿时期，尤其中奥陶世火山岩建造为重要的赋矿岩层。

广西泥盆系基底 Pb、Zn 元素背景值中，Pb 高于全国平均值和地壳克拉克值，寒武系是次要预富集层位。

**B 晚古生代储矿岩层构造演化及其对成矿的控制作用**

加里东中期地槽褶皱隆起，缺失中、下志留统沉积，此时处于既不拉张也挤压、相对稳定的大陆边缘，仅在广西东南有零星分布的上志留统，为陆源碎屑建造。

经志留纪末的沉积间断后，泥盆纪在大瑶山总体上处于拉张环境。北部早-中泥盆世为浅海相环境，沉积了陆源碎屑-泥砂质建造，属类复理石建造；大瑶山中段及南段一带为半深海-深海环境，除沉积陆源碎屑岩外，火山岩增多，并有火山熔岩，属类复理石建造、火山岩建造、含硅质岩建造。晚泥盆世地槽演化出现逆向迁移，北部为优地槽沉积环境，形成次深海相砂页岩建造、细碧角斑岩建造，而中部则从优地槽转化为冒地槽，形成海陆交互相的沉积。到晚泥盆世末期，洋壳在向北俯冲，形成了早华力西期褶皱带。随着早、晚泥盆世在大瑶山北中部的构造演化不同，其在成矿方式与矿化元素组合上也有不同。早、中泥盆世尤其是早泥盆世形成的矿产较少，在中部及中部偏南的粉砂岩、凝灰质板岩、结晶灰岩岩层中，在印支—燕山期中酸性-碱性侵入岩浆的作用下，形成铁、铜、金多金属矿，如产于燕山早期大瑶山西侧铅锌多金属矿（床）点等。

对泥盆纪成矿起最重要作用的是下泥盆统上伦白云岩（$D_1sl$）、官桥白云岩（$D_1g$），形成与海相火山作用有关的铁、铜、银多金属矿，空间上主要分布在大瑶山中部、南部地区，如产于上伦白云岩组白云岩中的盘龙铅锌矿、朋村铅锌矿等，产于二塘组的双桂铅锌矿、水村铅锌矿等。由南向北，赋矿层位有所抬升趋势。下泥盆统形成的矿化范围广，目前发现最多矿（床）点的层位，当后期又有岩浆热液叠加时，成矿元素进一步富集形成工业矿床的可能性更大。因此，下泥盆统是一个重要的矿源层，应特别重视在该层的找矿勘查工作。

石炭系在大瑶山西部主要分布于马坪—二塘之间。因为南部洋壳向东俯冲，钦防地槽处弧后拉张的构造环境，所以在马坪—二塘地区早石炭世沉积了火山-复理石建造，形成了陆源碎屑岩和碳酸盐岩、海底喷发中酸性火山岩组合。早石炭世末发生中华力西期运动，地槽回返，形成大瑶山华力西期褶皱带，致使其南与东的早华力西期褶皱带相连，北与西的褶皱带连为一体，从此大瑶山隆起成陆。此时几乎所有地槽已回返成陆。上石炭统仅发育在钦防残余海区，沉积了海陆交互相-陆相碎屑岩。上石炭统分布在断陷盆地，形成陆相酸性火山岩、砂泥岩和煤。它们与成矿作用的关系表现为两种情况：一种表现为在碳酸盐岩、粉砂岩夹灰岩等发育地区，当有后期岩浆热液作用叠加时，在有利的构造环境下形成矽卡岩型、热液交代型铁铜铅锌多金属矿；另一种表现为与海相火山岩、火山岩夹碳酸盐岩和碎屑岩有关的块状硫化物型或海相火山岩型铁锌矿。

二叠系岩层是广西的主要构造层，是许多金属矿产的主要赋矿层。由于中华力西期褶皱隆起，大瑶山西侧的广大区域缺乏二叠系沉积，只在北部断陷盆地，如柳州地区有晚二叠系的地层零星分布。二叠系主要发育于大瑶山中南段西部鹿寨—柳城—柳江一带，总体呈北西向展布。早二叠世早期是东宽西窄的海域，沉积了滨海碎屑岩。由于扬子板块和华夏板块的相向挤压作用，在华夏板块前缘形成了近于平行的裂陷海槽，造成早二叠世的中期海底发生规模较大、强度不等的中基性-中酸性火山喷发，形成火山-沉积岩系地层，夹大理岩。早二叠世晚期，晚华力西运动使裂陷海槽闭合，地槽隆起，仅形成一些河湖相的碎屑岩。早二叠世早期到晚期总体为碎屑岩-火山岩-碎屑岩夹碳酸盐岩的沉积，具典型的优地槽沉积特征。这一时期也是成矿最为有利的时期，其中以合山组海底火岩活动最为强烈，分布范围广，沉积厚度较大，成矿元素的丰度较高，为形成以铁铜为主的多金属矿奠定了基础。由于二叠系构造旋回活动强烈，不同地区岩性和厚度变化不大，容易形成层间破碎带，并成为有利的容矿空间，在有热动力构造环境时形成构造蚀变岩型、层间裂隙充填型等铁铜多金属矿。

### 3.3.4.3 中、新生代火山-沉积盖层的演化特点及其对成矿的控制作用

中生代由于印支旋回整体上升隆起，除在大瑶山北部金秀一带有少量早三叠世中性-中酸性火山岩分布外，大部分地区缺失三叠系。中生代燕山期由于强烈的大陆边缘裂陷活动，伴随有广泛的火山-岩浆活动，发育了一套从侏罗纪至白垩纪的火山-沉积岩系。它们主要分布于断陷盆地之中。断隆带和断陷盆地是成矿有利的构造部位，中生代火山岩分布区具有较大找矿潜力。

（1）中生代大陆边缘裂谷十分发育，尤其在大瑶山北部地区十分突出，自中侏罗世开始，NE 向深大断裂复活开裂，形成 NE 向裂陷活动带，经火山喷发形成偏碱性的火山岩带。早白垩世，裂谷带因受邻区大瑶山边缘裂谷活动的影响和改造，出现钙碱性系列，形成酸性-中酸性及碱性火山喷发和燕山晚期岩浆侵位活动，该期火山岩、斑杂岩体与成矿关系密切，其矿化强度大、规模大，形成铜铅锌多金属等有色金属和铀、萤石、明矾石、叶蜡石等非金属矿。因此，该区中生代大陆边缘裂谷是裂谷型矿床产出的良好构造环境。

（2）侏罗—白垩系主要是由基性-中基性火山岩和中酸性-酸性火山岩组成的。作为基底岩层的上元古界老堡组地层中的 Cu、Pb、Zn 等，泥盆系榴江组的 Ag、Au 等，石岩系南丹组的 Cu、Pb 等元素，在后期的成矿作用过程中最有可能活化并富集成矿。侏罗—白垩系的火山-沉积岩为赋矿提供了有利空间。

（3）在该区中生代火山岩地层中已发现了一些较有价值的矿化、矿点和找矿线索。

新生代主要由于差异性的升降运动形成一些断陷和坳陷盆地，大多继承或上叠于中生代凹陷之上。在一些沉积盆地形成砂金、砂锡和钛铁砂矿。由于喜马拉雅构造运动造成大瑶山地区升降幅度大，隆起区剥蚀速度快，在一些有利的构造盆地形成砂金或风化堆积型现代砂矿，今后找矿工作中应予以重视。

# 4 成矿区带划分及找矿潜力评价

## 4.1 成矿区带的划分

### 4.1.1 成矿区带的划分原则

根据大瑶山区域地质背景与金属矿产在空间的分布规律，结合测区工作程度，参考《全国成矿区带及其大地构造单元划分资料》（陈毓川等人，1991），大瑶山西侧成矿区带的划分按下列原则进行：

（1）在空间上处于同一构造岩浆岩带，成矿带与构造岩浆岩带密切相关；

（2）矿种组合和矿化类型各不相同，但属于同一成矿系列；

（3）矿产组合、成矿方式不相同，但在空间上受同一断裂构造系统的控制；

（4）不同性质的矿产在空间分布上与某一储矿岩层（或构造层）的成矿关系密切；

（5）在同一构造岩浆岩带，矿化（床、点）集中，在空间上形成成矿密集区，并有代表性矿床分布。

### 4.1.2 主要成矿区带的划分

根据上述原则，将大瑶山西侧成矿带由南往北划分为 3 个成矿亚带、8 个成矿区。

（1）波吉-司律成矿亚带。古立-盘龙铅锌成矿区、司律-大团铅锌成矿区、波吉-波斗铅锌成矿区。

（2）新造-乐梅成矿亚带。南洞-双桂铅锌成矿区、新造-出水岩铅锌成矿区、古富铅锌成矿区。

（3）桐木-寺村成矿亚带。花侯-马黎铅锌成矿区、寺村-花池重晶石铅锌成矿区。

### 4.1.3 成矿区带的成矿地质背景及产出特点

广西大瑶山西侧铅锌多金属成矿带铜铅锌矿床具成带成群集中分布特点，已发现矿床（点）84 处（见表 4-1），按其矿床组合及空间分布特点由北往南可分为 3 个成矿亚带，依次是：（1）桐木-寺村成矿亚带，包括桐木铜铅矿田、寺村含铜铅锌重晶石矿田；（2）新造-乐梅成矿亚带，包括水村铜铅锌矿田、乐梅铅锌矿田、新造-风门坳铅锌矿田等；（3）波吉-司律成矿亚带，包括朋村-盘龙锌黄铁矿田及波吉、司律铅锌黄铁矿点。各成矿亚带总体呈近 SN 或 NE 走向，与区域构造线相吻合。各成矿亚带中矿床分布有一定间距性，组成一系列矿田，其中规模较大的铅锌矿床主要分布于波吉-司律成矿亚带，桐木-寺村、新造-乐梅成矿亚带已发现铅锌矿床规模较小，多为小中型或矿点。成矿带自北向南具有铜铅重晶石-铜铅锌-铅锌黄铁矿的水平分带现象，成矿带往北延伸，和环江-泗顶铅锌矿带相连，与江南古陆边缘其他铅锌成矿带遥相呼应，构成广西成矿带的统一整体。

**表 4-1    广西大瑶山西侧铜铅锌多金属成矿带矿床（点）统计表**

| 规  模 | | 铅锌矿 | 铜矿 | 铅锌铜矿 | 重晶石矿 | 褐铁矿 | 黄铁矿（伴生） | 小计 |
|---|---|---|---|---|---|---|---|---|
| 矿床 | 大型 | 1 | | | 2 | | | 3 |
| | 中型 | 4 | | | 2 | | | 6 |
| | 小型 | 7 | 5 | 1 | 1 | 2 | 3 | 19 |
| 矿点 | | 31 | 20 | 2 | | 3 | | 56 |
| 合计 | | 43 | 25 | 3 | 5 | 5 | 3 | 84 |

# 4.2  找矿潜力评估

## 4.2.1  矿产资源状况

铅、锌矿是大瑶山西侧分布最广、资源量较大、最具找矿前景的两个矿种，而且铜、银经常共伴生。大瑶山西侧已发现大中型铅锌矿多处，其中似层状矿体的铅锌矿规模、资源量大，如武宣盘龙铅锌大型矿床。"十三五"期间，又发现了脉状矿体的象州妙皇银铅锌大型矿床，进一步显示出这些矿种在该地区的找矿潜力。

## 4.2.2  成矿系列特征

### 4.2.2.1  时空分布特征

大瑶山西侧中南段铅锌矿成矿演化过程在时空上的分布相互关联，致使成矿演化期次、成矿空间分布及矿种组合等在成因上有亲缘关系，形成铅锌成矿系列。铅锌矿的时空分布具有以下规律：
（1）空间上具成群成带集中分布的特点，矿化（床、点）常沿区域性深大断裂的旁侧或交汇处分布，并受深大断裂旁侧的次级断裂控制，如沿凭祥-大黎深大断裂两侧形成多处矿化密集区。

（2）铅锌矿化（床）常沿断裂隆起带的边部或断裂隆起与凹陷的交界处分布，形成如盘龙铅锌矿、大团铅锌矿点等。

（3）铅锌矿的成矿时代主要集中在印支期，如盘龙矿、朋村矿等。

（4）铅锌矿化主要集中分布在波吉-司律成矿亚带，夹持在东乡-永福断裂和凭祥-大黎断裂中间及在东乡以南相交附近，赋矿围岩为下泥盆统上伦白云岩-中泥盆统东岗岭组碳酸盐岩建造的白云岩。

#### 4.2.2.2 矿化类型

矿化类型有沉积-热卤水改造型、破碎带蚀变岩型，其中沉积-热卤水改造型为主要类型，朋村、盘龙等中大型矿床均为此类型矿床。

#### 4.2.2.3 矿床规模及分布规律

为了进一步了解成矿规模与矿化类型的关系，对大瑶山西侧中南段的主要铅锌矿及有关矿床进行了分析认为，在已知铅锌矿床中，无论是已知矿床的个数还是规模，与岩浆热液作用有关的矿床只有一个，沉积-改造型有多个，中段规模相对小（风门坳铅锌矿床等），南段规模相对大（盘龙铅锌矿床等）。在整个中南段铅、锌资源量占比较大，铜、重晶石资源量占比少的特点。上述特点清楚地反映出在该区脉状矿体也可构成大型矿床（妙皇铜铅锌矿床），并常有银共伴生，提高了矿床利用价值。

### 4.2.3 典型矿床实例

#### 4.2.3.1 武宣县盘龙矿区铅锌矿床

盘龙矿区铅锌矿床位于武宣县城南东面 160°方向，直距约 12km 的武宣县桐岭镇盘龙村至湾龙村一带，包括大岭、翻山两个矿段，各矿段在矿体及矿石特征方面有许多共同之处。武宣县盘龙铅锌矿有限责任公司在 2003—2004 年对大岭矿段开展详查工作。自从 2011 年探明 2 号矿体−150m 标高以下铅锌资源金属量 120 多万吨之后（罗永恩，2014），矿山继续边采边探，目前已发现 8~20 线深部仍具有好找矿空间，预计新增控制资源量+推断资源量铅锌金属量 100 多万吨，规模达特大型。

A 地层

出露地层有泥盆系和第四系（见图 4-1）。现分述如下：

下泥盆统莲花山组（$D_1l$）砂岩层。那高岭组（$D_1n$）细砂岩夹少量泥岩。郁江组（$D_1y$）粉砂岩、泥岩为主。上伦白云岩（$D_1sh$）以白云岩为主，夹有白云质灰岩，局部夹有少量灰色、浅灰色硅质岩。上部白云岩以深灰色为主，少量灰-浅灰色，中-粗晶结构，中厚层状，局部有重晶石、铅、锌矿富集，具白云石化、硅化现象。中、下部白云岩以细-微晶结构为主，颜色比上部稍浅，薄-中层状，靠近底部夹少量灰岩。上伦白云岩为该矿区的主要含矿层位。二塘组（$D_1e$）主要为灰-深灰色灰岩与泥灰岩互层为主，间夹泥质灰岩、钙质页岩、白云岩，为薄-中层状，层理清楚，泥灰岩具疙瘩状构造。官桥白云岩（$D_1g$）白云岩夹少量灰岩、生物碎屑灰岩及泥灰岩。

中泥盆统东岗岭组（$D_2d$）灰岩夹泥灰岩及泥质灰岩。巴漆组（$D_2b$）硅质岩与灰岩互层。

上泥盆统融县组（$D_3r$）灰岩、鲕粒灰岩、生物碎屑灰岩夹白云岩。

第四系（Q）黏土层。由坡积层和残积层组成，大部分已开辟为耕作区。该层厚度一般大于 7m。

B 侵入岩

未有岩浆岩出露。

C 构造

矿区内断裂构造比较发育，主要有 NNE 向的横断层 $F_2$ 和 NEE 向的逆断层 $F_1$、$F_3$（见图 4-1），它们均不同程度破坏了岩层（矿层）连续性，其中 NNE 向的逆断层 $F_1$ 控制着矿体及矿床的分布。矿区内岩层走向和倾向均不同程度地弯曲，大致呈陡倾斜的单斜产出，岩层产状为 310°~340°∠70°~85°。局部地段莲花山组、那高岭组、郁江组岩层有倒转现象。寒武系地层还发育褶皱。

a NNE 向断裂

盘古横断层（$F_2$）。该断层在矿区内出露约 3.3km，北端被第四系覆盖。断层线走向为 26°，断距约 1.5km，两侧岩层走向相互斜交，各相应岩层、矿体和先期的断层互不连接，断距由北向南渐小。

b NEE 向断裂

该组断层共有两条：$F_1$ 和 $F_3$。

（1）$F_1$ 逆断层。断层线大致与岩层走向平行，局部微斜交。断层倾向南南东，倾角不详。长度大于 5km 并贯穿矿区西北部和中部，被盘古横断层（$F_2$）错断，使得 $F_1$ 逆断层东段向南推移 1~2km，西段走向变为 NE 向。

（2）$F_3$ 逆断层。断层长约 5km 并贯穿矿区南部，属逆断层，总体走向 75°~80°，倾向 SSE，倾角不详，西端被 $F_2$ 横断层错断。断层线与岩层走向斜交，南东盘寒武系上冲，造成湾龙—东博一带下泥盆统与寒武系呈断层接触。

D 蚀变特征

盘龙铅锌矿的围岩蚀变总体不强烈，分布范围大致位于矿体附近，距离矿体 1~2m，最远者可达 15m。主要为黄铁矿化、硅化和白云石化，其次有重晶石化，局部地段有萤石化及方解石化。其中，白云石化、硅化和黄铁矿化与成矿关系最

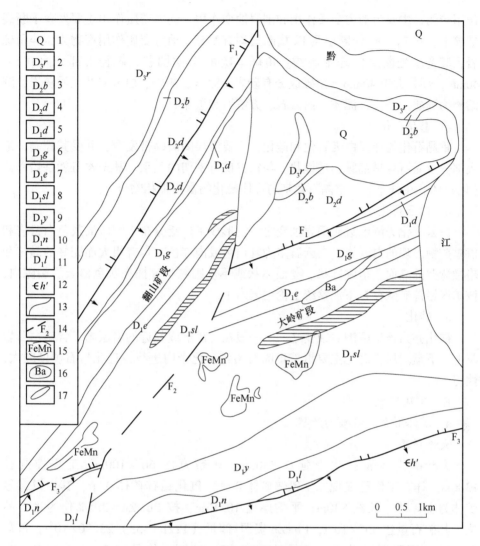

图 4-1　盘龙矿区地质简图

(据罗永恩，2014)

1—第四系；2—上泥盆统融县组；3—中泥盆统巴漆组；4—中泥盆统东岗岭组；

5—下泥盆统大乐组；6—下泥盆统官桥白云岩；7—下泥盆统二塘组；

8—下泥盆统上伦白云岩；9—下泥盆统郁江组；10—下泥盆统那高岭组；

11—下泥盆统莲花山组；12—寒武系黄洞口组上段；13—地质界线；

14—断裂及编号；15—铁、锰堆积范围；16—重晶石堆积范围；

17—铅化矿化带范围

为密切。另外，在铅锌成矿主期之后，还发育有后期的方解石-重晶石-黄铁矿蚀变。各矿段围岩蚀变主要为白云岩化、重晶石化，均出现少量硅化。矿区内变质作用较弱，主要为动力变质作用和围岩蚀变作用。动力变质作用主要发育于断裂破碎带，在 $F_1$、$F_3$ 逆断层及 $F_2$ 横断层均有发育。动力变质作用产物为压碎角砾岩，其宽度受断层破碎带制约。角砾呈次棱角-次圆状，砾径大部分为 0.5～40mm，部分大于 40mm，角砾成分有砂岩、泥岩、灰岩、白云岩及泥质灰岩，胶结物为硅质、铁质、泥质、白云石、方解石和重晶石。

a  重晶石化

重晶石化均伴以白云石化和硅化，主要沿层间破碎带发育，并受其控制，绝大部分重晶石均呈细脉、透镜状。与铅锌矿有密切的关系，甚至本身就是铅锌矿（化）体。在分布上，重晶石化带与金属硫化物富集带相吻合。

b  白云石化

白云石化为测区近矿围岩蚀变之一，形成了广泛分布于测区的灰色白云岩和以单矿物出现的白云岩。白云石多为乳白色或肉红色，具有粗大而完好的晶体和略微弯曲的晶面，呈细脉状、菱面体状或不规则粒状穿插在灰色白云岩裂隙内，该矿区铅锌矿赋存在下泥盆统上伦白云岩中。

c  硅化

硅化亦为该矿区围岩蚀变之一。一般在含矿层或邻近的岩层内、含矿白云岩及上、下盘岩层，硅化主要沿着重晶石铅锌矿化带内进行，硅化岩石硬度颇大，性脆。

E  矿床特征

a  矿体形态、规模与产状

*大岭矿段*

大岭矿段地表矿化带延长 3500m，矿带宽度 60～100m，工程控制长 1300m。详查工作已发现原生铅锌矿体 8 个，氧化铅锌矿体 3 个，其中以②号矿体为主矿体，长约 830m，平均厚度 10.13m，按 Pb+Zn=3.5% 作为边界品位，其矿石量达 357×10⁴t，Pb+Zn 资源/储量（122b+333）23.70×10⁴t，占盘龙矿区已探明原生矿资源总量的 95.54%；矿石平均品位 Pb 为 1.51%，Zn 为 5.13%。

氧化矿体与其下的原生硫化矿体有较清晰的自然分界线，与原生硫化矿体在水平方向上也有较大位移。按照矿石矿物氧化程度仅可分为氧化带和原生带两部分。其氧化深度起伏较大，一般为 24～75m。矿体主要沿上伦白云岩（$D_1sl$）上部 NE 向层间破碎带产出，埋深 20.24～227.9m，矿体形态为似层状，总体倾向 340°，倾角为 75°～85°。矿体形态以似层状、透镜状为主，个别小矿体呈囊状，由多层矿体组成，在主矿体上、下盘有平行的小矿体分布，常见 2～6 层，单层厚 0.16～11.19m，间距 3～28m 不等。各矿体呈 NE 向带状分布，平行排列，矿体产状与围岩基本一致。矿体沿走向及倾向变化较大，在短距离内很快尖灭或急剧变窄的现象较普遍，并有分支复合现象。矿体一般中间厚，边部薄，多呈楔形尖灭。矿体顶、底板围岩为白云岩，沿倾向或走向白云岩变窄或尖灭，铅锌矿体亦随着如此变化。矿石矿物以闪锌矿、方铅矿为主，赋矿围岩均为上伦白云岩（$D_1sl$），围岩蚀变主要为重晶石化、白云石化。

②号矿体是盘龙矿区的主要矿体，在采矿证范围内矿石量达 $1619.25 \times 10^4$ t，Pb+Zn（111b）+（122b）+（333）资源/储量（金属量）$59.43 \times 10^4$ t，占盘龙矿区原生矿资源总量的 98.45%。②号矿体长约 1080m（采矿证范围内 895m），平均厚度 21.63m，最大斜深已控制 365.0m，出露标高为 $+62 \sim -315$m，倾角为 $79° \sim 88°$，平均倾角 83.5°，向 NE-SW 方向延伸展布，产于上伦白云岩和官桥白云岩地层中，并与地层产状大体一致（见图 4-2），矿石平均品位 Pb 为 0.82%，Zn 为 2.84%。该矿体上富下贫，在矿体中心（-70m 中段 32400 穿脉）处变贫变薄（厚 3.74m，Pb 0.27%、Zn 0.86%），接近开天窗，西端较贫，而且分支较多，上部形态规则，下部分支。矿体最大真厚度达 51.94m，最小厚仅 1.44m，厚度变化系数为 66.14%。矿石品位含量最高（工程平均）Pb 3.90%，Zn 7.90%；最低品位 Pb 0.10%，Zn 0.79%。矿石品位变化系数 Pb 87.45%，Zn 56.61%。

另外，在②号矿体中伴（共）生的 S、$BaSO_4$、Ag、Cd、Ge 等都可综合利用。②号矿体矿石储量大，品位相对较高，是矿区当前开采的主要对象矿体。

### 翻山矿段

翻山矿段位于盘龙矿床的南西面，其与盘龙矿床近乎相同，被一条近 SN 向断层与盘龙矿床错开而一分为二，翻山矿段地表矿化带延长 3500m，矿带宽度 $60 \sim 100$m，工程控制长 1300m。走向 $135° \sim 85°$，倾角 $70° \sim 85°$。翻山矿段发现了 4 个含矿层，其中 $1 \sim 3$ 矿层产出层位与大岭矿段相近，为上伦白云岩上部，呈陡立的似层状产出，厚度品位分别为：0.76m/ Pb 0.54%/ Zn 9.14%和 1.44m/ Pb 0.86%/ Zn 4.26%，4 矿层产于官桥白云岩（$D_1g$）底部。矿（化）体形态为似层状或透镜状，赋矿围岩为白云岩，矿层顶底板为白云岩或硅化白云岩，走向 $135° \sim 85°$，倾角 $70° \sim 85°$，沿走向和倾向的变化均较大。矿段内共有大小铅锌矿体 4 个，无明显的主矿体，其中规模较大的是③-3 号矿体，其他均为零星小矿体。

③-3 号矿体为矿证范围内相对最大的矿体，横贯矿段中部。以铅锌为主，也含较多的黄铁矿。矿体剖面形态为似层状、透镜状，平面形态则为长条状；倾向 310°，倾角 82°；埋藏标高 $+15 \sim -75$m，最大埋深 135m，最小埋深 45m；长 225m，延深 80m，厚 $2.51 \sim 5.52$m，平均厚 4.02m，平均品位 Pb 0.54%、Zn 2.36%，虽为双孔控制，但只有 17 线部分达工业要求。

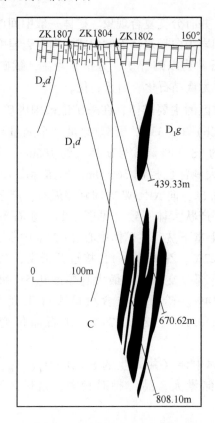

图4-2 盘龙矿区18号勘探线钻孔剖面图

（据王立佳等，2017，修编）

1—白云岩；2—泥质灰岩；3—铅锌矿体；4—重晶石矿；

D₂d—中泥盆统东岗岭组；D₁d—下泥盆统大乐组；D₁g—下泥盆统官桥白云岩

**b 矿石成分**

**矿石的矿物组成**

测区矿石的矿物组成比较简单，原生矿硫化矿石矿物主要有闪锌矿、黄铁矿和方铅矿，还有少量的白铁矿、毒砂。脉石矿物主要有白云石、方解石、重晶石和少量石英、萤石、绢云母、含炭质物质。氧化矿石矿物有菱锌矿、水锌矿、褐铁矿、菱铁矿、白铅矿、铅矾、赤铁矿、针铁矿、硫镉矿等，脉石矿物主要有白云石、重晶石等。其中原生硫化矿中的闪锌矿和方铅矿是主要利用的矿石矿物。而且，这些原生金属硫化物的地表氧化物，如铅矾、白铅矿及菱锌矿、水锌矿，也可以开采利用。在矿区的某些地段，重晶石富集，形成品位较高的层状、似层状矿体，因此也是区内综合利用的矿种。

闪锌矿：是主要含锌矿物，含量约80%，多数呈他形-半自形，自形-半自形散粒状或集合体，粒径0.1~0.8mm，最大1mm，最小0.04mm。与白云石和黄铁矿紧密嵌生；闪锌矿与方铅矿相互交代溶蚀呈港湾状、岛屿状；少数闪锌矿呈自形-半自形中粗粒嵌生于重晶石中。矿石构造主要有块状构造、浸染状（或稠密浸染状）构造、角砾状构造、脉状（或网脉）构造。

黄铁矿：含量约15%，他形-半自形晶粒结构，粒径0.1~0.4mm，最小0.02mm，最大达2.5mm。在矿石中分布较广，有的相对集中形成块状，有的黄铁矿呈胶体状充填于脉石裂隙中，形成细脉状或网状，在其集合体与脉石的边缘，可见到黄铁矿呈鲕粒状（0.03~0.05mm），少数黄铁矿呈细小星点状（0.001~0.012mm）不均匀地分布在脉石与闪锌矿中。

方铅矿：含量约10%，多数呈他形粒状，不规则状，零星分布，晶粒大小为0.05~0.2mm。与闪锌矿、黄铁矿或白云石交代溶蚀呈港湾状，有的呈细脉状穿插在重晶石的裂隙中，有时以细小包裹体的形式存在于黄铁矿中，在矿石中分布不如闪锌矿广，在部分矿块中相对多一些。

菱锌矿：呈脉状贯穿，栉壳状充填于菱铁矿鲕粒或铁白云石之间。矿石构造主要有土块状构造、栉壳状构造、角砾状构造。

重晶石：为主要脉石矿物之一，呈自形板柱状，长达2~10mm，杂乱排列，集合体呈束状，不规则脉状，团块状或脉状，金属矿物常充填于其晶体间。

闪锌矿、黄铁矿和方铅矿常密切共生。

**矿石化学成分**

（1）原生硫化矿。矿石中主要有益组分为Zn、Pb、S及$BaSO_4$，其次为伴生Ag、Cd、Ge等。有害组分为As。根据组合样分析，这4种组分共占②号矿体的35.7%，还伴生有Ag、Cd、Ge等稀有或分散元素。Pb与Ag、S的相关性很明显，一般呈正相关关系。

1）有益组分。

①Zn：主要赋存在闪锌矿（ZnS）中，锌（指硫化锌）在矿床中变化不大。各矿体平均品位为0.49%~9.19%，一般为1.32%~3.37%。矿床平均品位2.85%，但各矿体中Zn的变化还是比较大。现以该矿床最大的②号矿体为例（储量占98.45%以上）说明：②号矿体锌工程平均品位2.89%，但各工程平均品位最低为0.55%，最高为7.90%，变化比较大。同一工程中单个样品含锌最高达20.98%，最低0.13%（ZK241），变化亦比较大。

②Pb：主要赋存在方铅矿（PbS）中，与闪锌矿共生，也常与黄铁矿共生。铅的含量在矿床内的变化不大，总的趋势是由上部向下部含量由高而低：②号矿体Pb工程平均品位变化较大（0.10%~3.90%），单工程单样品位，低者0.11%，高者达10.25%（ZK223），变化比较大。

③有效 S（黄铁矿中的硫）的平均品位通过间接计算法确定，硫的矿床平均品位 5.86%。

④$BaSO_4$：为矿石中主要脉石矿物重晶石的主要成分，矿石平均含 $BaSO_4$ 17.32%。

⑤银：矿石中 Ag 含量（3.2~53.2）×$10^{-6}$，平均 18.8×$10^{-6}$。

⑥Cd、Ge：矿石中 Cd 含量（质量分数）0.0035%~0.073%，平均 0.0226%，Cd 与 Zn 的相关性也较明显。另据光谱半定量分析，有一半组合样（9 个）含 Ge 大于 0.001%，最高 0.004%，因基本分析单位分析精度不够而未作化学分析。In、Ga 的含量一般小于 0.0001%。

2）有害组分。

As：含量为 0.13%~0.52%，平均 0.28%，目前尚未发现有独立的含砷矿物，但从组合样中可看出其与黄铁矿关系极为密切，黄铁矿含量高者，砷含量亦高。在选矿试验样中发现了微量的含砷矿物——毒砂。

3）矿石中有益组分的变化。

①整个矿床而言，主要矿体 Zn、Pb 含量变化不大。Pb+Zn 单工程的平均品位为 1.13%~9.46%。

②主要工业矿体②号矿体 Pb+Zn 的平均含量总的来说中段及东段上部稍高，而西段稍低。

（2）氧化矿。

根据化学全分析和光谱全分析结果可知，氧化矿石中含 Si、Al、Fe、Ba 的矿物为主量，而这些矿物大量存在于地表风化堆积层中；而作为原生矿石赋矿围岩，其主量元素 Mg、Ca 含量很低，从另一方面说明了矿石已经氧化得十分彻底。

### 矿物组合

矿物组合类型主要有：（1）重晶石-闪锌矿-黄铁矿-方铅矿组合；（2）石英-重晶石-方铅矿-闪锌矿-黄铁矿-绢云母组合；（3）重晶石-石英-方铅矿-黄铁矿-闪锌矿组合。

矿石结构主要有粒状结构、自形结构、草莓结构、蒿束结构，其次有交代结构、镶嵌结构、压碎结构等。矿石构造有块状构造、浸染状（或稠密浸染状）构造、角砾状构造、脉状（或网脉）构造、土块状构造、葡萄状（或皮壳状）构造，其次还有胶状构造、环带状构造、条带状构造等。

### 矿石的氧化特征

据物相分析结果表明，大岭矿段②号矿体在-20m 标高之上 Pb 的平均氧化率为 11.3%，Zn 的平均氧化率为 1.7%，总体氧化类型属于硫化矿石。但 Pb 的氧化率较高,已经达到"混合矿"的氧化程度,这与选矿试验结果比较吻合;而 Zn 基本上未受到氧化。

据统计结果,Pb 氧化率大于 10% 的样品占 43%,一般多在 10%~20%,大于 30% 的有一个样品。25m 和-20m 两个不同标高的中段分别取样 16 个和 14 个,氧化程度并没有明显区别,氧化率大于 10% 的样品分别占总数的 23% 和 20%,平均氧化率分别为 10.2% 和 12.6%。

氧化矿体的氧化程度较高,在钻孔和坑道中各取一个样,氧化率分别为 Pb 14.4%、Zn 95.4% 和 Pb 8.1%、Zn 67.4%。

盘龙矿床以 Zn 为主要有用组分的特点,按矿石性质分带把铅锌矿体分为氧化带和原生带两部分。

矿体原生带主要分布于下泥盆统上伦白云岩(D₁sl)NE 向层间挤压破碎带中,已知分布标高为 62~-290m。矿体氧化带分布于大岭矿段在控矿的 NE 向层间挤压破碎带近地表部分发育的氧化凹槽,其氧化深度起伏较大,一般为标高 85~-126m。

矿区矿石中主要的利用组分为 Pb、Zn 及 S。其中 Pb 含量为 0.48%~4.14%,Zn 含量为 3.80%~22.96%,Zn 含量大于 Pb,往往形成 Zn 多 Pb 少的铅锌矿石或单锌矿石。此外,矿石中还含有 Sr、Cd、Ge、Ga、In 等稀有分散元素,如 Cd,其含量可达 0.01%。

矿石类型:自然类型分为硫化矿石(锌氧化率小于 10%)、氧化矿石(锌氧化率大于 30%)。硫化矿石:为区内主要矿石类型。按照矿石的结构构造划分致密块状矿石、浸染状矿石、角砾状矿石、(网)脉状矿石、土块状矿石、粉末状矿石类型;按照有用矿物的组合类型划分,工业类型为铅锌矿石(包括闪锌矿石、方铅闪锌矿石、黄铁铅锌矿石及闪锌方铅矿石)。

**矿物成矿阶段及生成顺序**

(1)成矿阶段。分热液成矿和次生成矿两个阶段。

1)热液成矿阶段:根据穿插关系、蚀变交代作用、包裹关系等,大致可划分为早、中、晚三个成矿期。早期以白云岩、重晶石、石英为主,伴随少量黄铁矿;中期主要有白云石、黄铁矿、重晶石、石英、闪锌矿、方铅矿,部分充填于早期脉石矿物解理、裂隙之中;晚期白云石、重晶石脉及少量闪锌矿贯穿于中期硫化物矿脉中。中期闪锌矿颜色较浅,以浅灰色为主,晶粒细小,肉眼几乎难以辨认;晚期闪锌矿则常见棕黄色、粉红色、淡黄色等,晶粒较粗。

2)次生成矿阶段:原生硫化物经风化淋滤形成白铅矿、菱锌矿、褐铁矿等。

矿区中最主要成矿期为热液成矿阶段中期。

(2)矿物生成顺序。

1)金属矿物:黄铁矿→闪锌矿→方铅矿→白铅矿→菱锌矿、褐铁矿。

2）非金属矿物：几乎在整个矿化作用阶段都有，基本上可分为三期。矿化前期为白云石、重晶石、石英，与金属矿物关系密切；矿化后期为白云石、重晶石贯穿于硫化矿物中。

### 矿石类型和品级

该矿床主要为综合矿石，须经选矿才能利用。

（1）矿石的自然类型。

1）按照矿石的氧化程度划分：据前述可将区内矿石划分为两种矿石类型：硫化矿石（锌氧化率小于10%）、氧化矿石（锌氧化率大于30%）。

2）按照矿石的结构构造划分：

①致密块状矿石：在原生矿体中，闪锌矿、方铅矿和黄铁矿等金属硫化物含量占80%以上，构成坚硬、致密的块状矿石。这类矿石中Pb、Zn品位高（>10%），是区内最具开采价值的矿石类型。

②浸染状矿石：闪锌矿、方铅矿、黄铁矿等金属硫化物总含量小于80%，构成浸染状矿石。根据总的含量不同，还可细分为稠密浸染状矿石、中等浸染状、稀疏浸染状及星点浸染状矿石类型。

③角砾状矿石：原生矿石被后期热液脉胶结，构成角砾状。

④（网）脉状矿石：原生矿石被后期热液脉穿切，构成网脉状或脉状矿石。

⑤土块状矿石：在风化层中，由表生风化作用形成的水锌矿、菱锌矿、白铅矿、铅矾、褐铁矿及黏土矿物构成的土块状、粉末状矿石类型。

3）按照有用矿物的组合类型划分：以闪锌矿石、方铅闪锌矿石为主，次为黄铁铅锌矿石及闪锌方铅矿石等。

（2）矿石工业类型及品级。根据矿石开采及选冶条件不同，可划分为不同工业类型。该矿区的各种矿石类型的加工产品均为伴生有Ag的铅精矿和伴生有Cd的锌精矿。无单独产出的黄铁矿体，黄铁矿仅作为副产品回收。因此，已有的各种矿石类型没有分采、分选的必要，故无需划分矿石工业类型，或均为一种矿石工业类型，即综合矿石（包括闪锌矿石、方铅闪锌矿石、黄铁铅锌矿石及闪锌方铅矿石）。

1）原生硫化矿：该矿床主要为综合矿石，须经选矿才能利用，此次工作无法进行矿石品级划分。

2）氧化矿：全矿床氧化矿Zn平均品位为29.09%，均为富矿。

### 成矿地质作用及矿床成因

该区铜铅锌多金属矿成矿物质来源以地层为主要来源，部分来自深源的岩浆作用；含矿溶液为雨水渗透地下深循环中演化而成含矿热卤水；热源主要是地热增温和隐伏花岗岩体；铅锌矿床（点）成矿温度为150.4~245.1℃，为中-低温沉积-热卤水改造型铅锌矿。矿体形成主要是由于含矿热卤水沿构造上升，萃取围岩中Pb、Zn成矿物质，在层间破碎带中形成矿体或矿化带，属层控型多金属矿床。

盘龙铅锌矿床是在海西—印支时期形成，具有相同相似的成矿条件，并表现出喷流沉积矿床特征，同生期喷流沉积矿床证据有 5 个。（1）矿体自北东至南西依次排列，产状与围岩基本一致，受同生断裂控制的沉积盆地所影响，赋矿地层受到后期构造改造导致矿体产出较陡。（2）泥盆系海侵旋回的第一个碳酸盐建造——中泥盆统四排组（$D_2s$）是主要的赋矿层位。（3）发育热水沉积岩：硅质岩、重晶石岩及白云岩，围岩蚀变主要为重晶石化、白云岩化。白云岩组合是铅锌矿、黄铁矿的赋矿围岩。（4）矿石组构具典型热水沉积特征，主要表现为微细粒结构、微晶结构及条纹状、条带-条纹状构造、草莓状构造。（5）铅同位素特征显示，盘龙矿石年龄为 343~400Ma，基本与赋矿地层时代一致。U/Th 比值能较好区分正常海水沉积和热水沉积，盘龙铅锌矿微量元素 U/Th 为 1.03~17，表明是热水沉积成因。Ni/Co 比值为 5.14，表明盘龙铅锌矿热水成矿受古地理环境控制。Ba 的富集远高于碳酸盐岩平均含量，证明赋矿围岩白云岩和矿石均为热水沉积产物。

赋存于地层中的铅锌矿床，一般都经过沉积预富集和热液成矿期（广西地质矿产勘查开发局，2001）。王瑞湖（2012）研究认为，武宣-象州铅锌矿床经历了两大成矿作用的影响：（1）在沉积成岩阶段黄铁矿、闪锌矿及方铅矿初步聚集；（2）成岩期后受盆地热卤水的改造，又发生了金属硫化物的进一步富集而形成工业矿体。王立佳等人（2017）认为，大瑶山西段经历了海西期的伸展成矿期、印支期的挤压变形期和燕山期的拉张走滑成矿期三个阶段，其中印支期为非成矿期。同生断裂对海西期的喷流沉积成矿具有控制作用，体现同生断层制约了成矿盆地形态以及同生断层作为含矿热水运移和交代成矿的通道；印支期改变了盆地的形态，对矿体具有保存或破坏作用；燕山期的拉张走滑断裂成矿构造对该地区进行了叠加成矿。

综合前人资料，结合区域构造、成矿特点，作者认为该区成矿具有两期次多阶段、多成因特点。

第一期成矿作用发生在海西期（早泥盆世），是该矿床的成矿早期，沉积-成岩阶段形成成矿元素初步预富集的矿源层。

第二期成矿作用发生在印支期，是该矿床的主要成矿期。印支运动褶皱隆升成陆后，大气降水沿桐木大断裂下渗入地壳深部循环对流过程中，从其周围围岩中淋滤吸取各种成矿物质，形成一种富含成矿金属元素的热卤水，构造运动时，深大断裂复活，含矿热卤水沿着深大断裂通道上升至浅部，在矿源层宏观破裂的有利构造——岩相带，通过渗滤交代矿源层，进行叠加、改造，由于温度或压力降低，或其他物理化学条件，引起成矿热液中的金属元素沉淀富集形成矿体。

**控矿因素**

该矿床受大地构造位置控制，成矿作用受岩相古地理、岩浆热液活动、大断裂活动等制约，铅锌矿床的分布明显受地层、岩性和构造等因素的联合控制。主要控矿因素有以下几方面。

（1）地层层位。

主要赋矿层位为下泥盆统的上伦白云岩（$D_1sl$）、官桥白云岩（$D_1g$）等。上伦白云岩（$D_1sl$）控制矿区铅锌矿床的总体分布。

（2）岩性。

白云岩为铅锌矿主要的含矿岩性，有工业价值的铅锌矿床均赋存于下泥盆统上伦白云岩中。岩石组合是以白云岩为主的泥灰岩-生物屑灰岩-生物屑白云岩组合。铅锌富集程度往往与白云岩厚度呈正相关关系。在白云岩最厚的地段，常是矿床最富的地段。

（3）构造。

该矿床受桂中盆地构造单元控制，分布在桂中盆地东部边缘与大瑶山隆起构造单元过渡的地带，呈 NE 近 45°方向展布。

区域性大型断裂构造不仅控制了不同构造阶段的沉积建造或岩浆活动，同时对地质时期中坳陷与隆起的展布与演化起着一定的制约作用。深断裂的形成与发展常伴随强烈的构造运动，是成矿物质形成和富集的动力，是矿源和热源的传递通道，也是成矿物质富集沉淀的容矿空间。

该区泥盆系—二叠系中形成以 NE 及 NNE 向为主的褶皱断裂构造，主要表现在对先存的构造进行叠加改造作用，其结果造成矿化的再富集或对矿体破坏。

（4）岩相古地理。

古地理环境的差异构成了不同的沉积环境，形成了不同的沉积相。在各沉积相中，由于物质来源和水动力条件的不同、物理化学条件及生物种类的不同，形成不同的岩石类型，因此古地理条件（环境)-沉积相-岩岩组合构成相互关联的体系，各类沉积岩和成矿元素的沉积所形成的矿源层也都是这一体系的产物。岩相古地理对铅锌的预富集起着控制作用，为矿床的形成提供物质来源、储存场所和封闭条件。

碳酸盐台地相是成矿带最主要的控矿相带。沉积相模式以朋村式为代表，控制铅、锌、黄铁矿、铜及重晶石矿床。矿层赋存于白云岩、生物碎屑灰岩组合中，在垂向上为滨岸碎屑岩向碳酸盐岩过渡的局限台地相。

（5）岩浆活动。

内生矿床的形成和分布都不同程度地受到岩浆活动的影响，岩浆活动为成矿提供了热源。热是成矿的主要动力机制之一，在岩浆热动力作用下，受热地下水循环速度加快，增强溶液活动能力，有利于围岩中的成矿物质活化转移到成矿热流体。大瑶山地区各期成矿作用也与同期岩浆活动密切，岩浆活动对成矿的主要贡献是为成矿提供热来源，同时岩浆活动形成的热能场是驱使围岩成矿物质活化、运移、分配的重要因素。矿区内仅见小面积岩浆岩出露，但据航磁推测，在象州县分布有寺村隐伏花岗岩体，长 8km、宽 3km，埋深 1300m。在武宣县分布有古寨、九贺、东乡三个隐伏花岗岩体，其规模及埋深分别为：古寨岩体长 7.5km、宽 5.5km；九贺岩体长 4km、宽 3.3km；东乡岩体长 14km、宽 3~7km。埋深 1000~1500m。其展布与成矿带展布基本一致，已发现矿床（点）在空间上与隐伏花岗岩体有一定联系，说明岩浆活动对区内铅锌矿的成矿有重要影响。岩浆活动对成矿的另一作用是提供物源。其成矿流体部分来自岩浆，部分可能来自地下热卤水。因此，岩浆活动在该区成矿作用中起着提供热源和部分矿源的作用。因此，该区隐伏岩浆岩带，同时控制着内生矿产的空间分布。

**矿化富集规律**

（1）矿床的空间分布明显受地层控制，赋矿的地层主要为下泥盆统的上伦白云岩（$D_1sl$）、官桥白云岩（$D_1g$）等，铅锌矿体顶、底板围岩均为白云岩，产状基本与地层产状一致。铅锌矿富集程度往往与含矿白云岩的厚度呈正相关关系，含矿白云岩沿走向及倾向逐渐尖灭，矿体也随之尖灭。在白云岩厚度最大的地段，往往也是矿体最富的地段。

（2）矿床位于大瑶山隆起区西侧的台盆边缘，矿床总体展布受 NE 向凭祥-大黎深大断裂带控制，其为同生沉积改造的似层状铅锌矿。

（3）矿体受下泥盆统上伦白云岩（$D_1sl$）和官桥白云岩（$D_1g$）内 NE 向层间挤压破碎带控制，层间挤压破碎带膨胀部位矿体厚度变大，收缩部位矿体厚度则薄。

（4）盘龙矿区内在矿种上出现铅、锌、重晶石、黄铁矿共存，矿床类型上同生沉积与后生的热液叠加改造的现象。

（5）矿石中铅、锌含量高低与蚀变强弱、岩石破碎程度有很大关系。蚀变强，岩石破碎程度高，矿石品位高，反之则贫。

**找矿标志**

（1）地层岩性标志。下泥盆统上伦白云岩（$D_1sl$）、官桥白云岩（$D_1g$）为主要赋矿层位，以上层位是该区寻找铅锌矿的地层标志；白云岩是主要岩性标志。

（2）构造标志。区内隆起边缘的 NE 向区域性断裂构造控制矿床展布，下泥盆统上伦白云岩、官桥白云岩中 NE 向层间挤压破碎带控制矿体的产出形态。

（3）地球化学异常标志。Pb、Zn、Ba 等元素化探组合异常区是寻找铅锌矿的重要靶区。

（4）地球物理标志。瞬变电磁异常、激电异常、地电提取元素异常和吸附相态汞异常等异常区。

（5）岩浆岩标志。航重推测的隐伏花岗岩体上部或周边的含矿层位和含矿构造。

（6）直接找矿标志。

1）民采遗迹标志：区内民采铅锌矿历史久远，故民采坑或民采坑道分布地段，特别是集中出现地段是找矿的重要标志。

2）围岩蚀变标志：重晶石化、白云石化、硅化均与矿化关系密切，故这些近矿围岩蚀变，特别是白云岩中含金属硫化物的强重晶石化和硅化层位为显著的找矿标志。

3）氧化露头标志：是硫化物矿床的次生氧化带，如"铁锰帽"和堆积重晶石等。

### 新类型矿床的及新围岩的发现

新发现盘龙铅锌矿床的深部矿体多呈雁列式排列，带状分布（见图 4-3）；厚大、品位富矿体赋存在上伦白云岩（$D_1sl$）中部，标高多在 -400 ~ -500m。据最新研究成果表明，盘龙矿床类型为海底-喷流沉积型，而不是以前认为的中-低温沉积-热卤水改造型，其成矿特征、资源量规模可与美国密西西比河铅锌矿床媲美。

### 铅锌找矿潜力分析

20 世纪 50 年代以来，该区开展了大量的矿产勘查工作和专门性的科学研究工作，使区内的找矿工作不断有新的认识。张振贤等人（1988）在《广西大瑶山西侧泥盆系铅锌黄铁矿控矿条件及成矿预测研究》的研究报告中，认为大瑶山西侧铜铅锌多金属成矿带中虽以铅锌成矿为主，但找到单个大型矿床的可能性很小，仅可以找到一批中小型的矿床。另外，认为区内的铜矿缺少有利的矿源层，只能沿断裂形成小型的后生矿床，所以铜的找矿前景不大。

多年来区内的铅锌找矿工作基本上处于停滞状态，直到 2000 年初期，随着武宣县盘龙铅锌矿的发现，该区又掀起新一轮找矿高潮。因此，进一步归纳总结该区的成矿地质特征、控矿因素、矿床成因、成矿规律、成矿模式及找矿方向，并客观地评价该区的找矿前景，以对区内的找矿工作决策及具体工作实施提供可靠的参考依据，是当前首要的工作任务之一。

本书在系统归纳总结前人的成果资料及认识后，认为区内铅锌成矿地质条件较优越，存在着较好的找矿前景，但找矿难度较大，具体依据如下。

（1）该区位于广西大瑶山西侧铜铅锌多金属成矿带波吉-司律成矿亚带的中段，NE 向的凭祥-大黎深大断裂从矿区东部通过，其旁侧下泥盆统发育一系列 NE 向层间挤压破碎带，为矿区主要容矿构造。根据区域重磁资料，区内沿 NE 向的凭祥-大黎深大断裂及近 SN 向的桐木-永福深大断裂一带，推测发育有一定数量的隐伏岩体，这些岩浆活动为该区 Pb、Zn 元素的活化运移，富集成矿提供

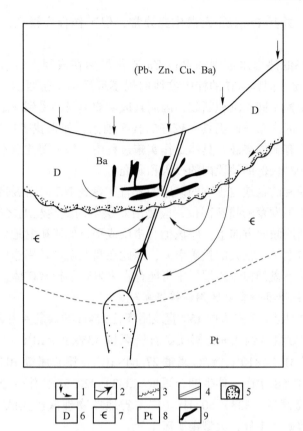

图 4-3 盘龙铅锌矿床成矿模型

（据广西地质矿产勘查开发局，2001，修编）

1—大气降水及盆地热卤水；2—深源流体；3—角度不整合界面；4—深断裂；5—地热异常体；

6—泥盆系碳酸盐岩及碎屑岩；7—寒武系浅变质砂页岩；8—元古宇变质碎屑岩及火山岩；9—矿体

了热动力条件及部分矿源。区内出露地层为下泥盆统和中泥盆统，含矿地层以下泥盆统上伦白云岩（$D_1sl$）为主、局部官桥白云岩（$D_1g$）含矿。区内含矿层位之上或附近，发育有大范围的堆积重晶石和铁锰帽。

（2）据 1:20 万化探资料，区内 Pb、Zn、Cu、Ba 化探异常显著，分布面积大，强度高，以 Pb、Zn 异常为主，异常含量一般为 Pb $100×10^{-6}$ ~ $1620×10^{-6}$，Zn $100×10^{-6}$ ~ $3000×10^{-6}$，其展布与构造、层位及已知矿床（点）吻合较好。另据航磁资料，区内深部有隐伏花岗岩体存在，沿凹陷边缘展布，与区内主要构造线及已知矿床点展布方向基本一致方向。据 1:1 万激电中梯剖面资料，在盘龙和翻山各存在一条长度大于 2000m 的激电异常带。

（3）该区以往铅锌找矿范围多局限于大岭矿段 16~30 线，其 16~30 线往两端及深部尚未圈闭，外围的翻山、东博等区段含矿地层、含矿构造发育，已发现铅锌矿点，并具 Pb、Zn 元素化探异常，但工作程度很低，仍具较大找矿前景。

（4）区内渗滤热卤水成因的 Pb、Zn 矿化虽然在成因上可与密西西比河谷 Pb、Zn 矿相类比，但其所在的桂中盆地的规模远远小于密西西比河谷地带，并且其成矿主要受控于同生沉积断裂，因而其成矿规模是会受到一定限制的。

综上所述，区内铅锌矿仍具有较好的找矿前景，如果找矿思路及方法得当，找矿工作必将会有新的突破。具体工作实施过程中，特别要注意在已发现矿体外围及勘查程度相对较低的地段内的投入和研究。

同生断层控制的盆地也影响的矿床的发育，盘龙 NE 向断裂带分布的成矿盆地，中间有矿化不发育的间断部位，应是沿断层走向盆地洼地之间的盆间高地，此外在沿同生断层倾向方向上，应该也有错位或平行的成矿盆地发育。这些错位或平行发育的盆地具有很大的找矿潜力，因此在盘龙矿区及周边的无矿地段的深部及已知矿段上下盘的白云岩地层中可能存在未发现的铅锌矿体。

### 4.2.3.2 象州县妙皇矿区铜铅锌银矿矿床

矿床位于象州县城南东方向 150°直线距离约 15km 的妙皇乡山定村至寺村镇花蓬村一带，距离妙皇乡约 4km，探获矿石资源量 $1359.91 \times 10^4$t，铜金属量 $5.12 \times 10^4$t，铅金属量 $31.24 \times 10^4$t，锌金属量 $27.64 \times 10^4$t，银金属量 1051.79t；伴生镉金属量（333）$0.58 \times 10^4$t，伴生铟金属量（333）220.57t，伴生金金属量（333）1.99t，伴生镓金属量（333）60.41t（广东省地球物理探矿大队，2015）。矿床规模：大型铅锌矿床 1 处，大型银矿床 1 处。

#### A 地层

区内出露的地层主要为下泥盆统那高岭组、郁江组、上伦白云岩、二塘组及第四系（见图 4-4）。

（1）那高岭组（$D_1n$）：那宜矿段地表有出露，岩性为灰白色-浅红色粉砂岩、泥质粉砂岩，夹石英砂岩，局部见薄层灰绿色泥岩，该层被断层 $F_2$ 切割，在那宜矿段断层多充填石英、方解石脉，见黄铁矿、铅锌矿脉，局部断层充填铅锌矿大脉，矿化较好，为区内重要的含矿岩层。该层厚度大，约 350m。地层倾向 265°~290°，倾角 10°~27°。局部受构造影响，倾角 35°~40°。

（2）郁江组（$D_1y$）：花蓬矿段地表未见出露，那宜矿段地表多覆盖薄层碳酸盐岩，出露面积小，主要出露在马黎村东侧、那宜矿段东部和盘古矿段，分布范围较大。该层上部为浅灰绿色、灰白色含白云石粉砂岩，夹薄层泥岩，裂隙发育，多充填方解石脉、白云石脉及铅锌矿脉，该层厚度 50~180m，为含矿层位；中部为深黑色炭质泥岩，裂隙不发育，矿化较差，厚度约 50m，那宜矿段该层厚度小，0.2~3m，多数钻孔揭露该层缺失；下部为灰白色粉砂岩夹浅红色粉砂质泥岩，局部见石英砂岩，裂隙较发育，多充填石英脉、方解石脉、白云石脉和铅

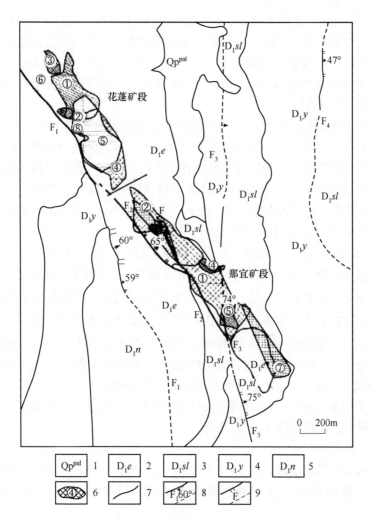

图 4-4 妙皇矿区地质简图

(据广东省地球物理探矿大队，2015，修编)

1—第四系；2—二塘组；3—上伦白云岩；4—郁江组；5—那高岭组；6—矿体水平投影及矿体编号；
7—地质界线；8—实测、推测正断层及编号；9—实测、推测性质不明断层

锌矿脉，为区内重要的含矿岩层，该层厚度 80~150m。地层倾向 270°~290°，倾角 22°~26°。与下伏那高岭组地层整合接触。

（3）上伦白云岩（$D_1sl$）：花蓬、那宜、盘古矿段均有出露，出露面积较大，岩层厚，花蓬矿段主要见于南西部，地表多见石芽状，为区内重要的含矿岩层。该组地层可分上下两段，上段（$D_1sl^2$）以白云质灰岩为主，为灰-灰白色，局部白云岩与白云质灰岩互层，夹薄层炭质泥岩，下段（$D_1sl^1$）以白云岩为主，灰色-深灰色，中-粗晶结构，底部为生物碎屑灰岩夹薄层炭质泥岩，厚度小，与郁

江组（$D_1y$）地层钙质砂岩区分。生物碎屑灰岩为灰色、灰色-深灰色，细晶-微晶结构，见较多珊瑚、苔藓、贝壳质生物碎屑化石，夹灰黑色薄层炭质泥岩，层位厚度不稳定，花蓬矿段厚度较大，几米至几十米，那宜矿段厚度小，多小于5m，局部生物碎屑灰岩厚度小于0.5m，甚至缺失，以深黑色泥岩与下伏郁江组（$D_1y$）地层整合接触。

$F_1$断层切割该层，其次级裂隙较发育，花蓬矿段勘探线 10 线以北断层及裂隙多充填黄铁矿、黄铜矿，呈细脉状、星点状、小团斑状，10 线以南逐步过渡为铜铅锌银、铅锌银矿，为区内重要的含矿岩层。该层在花蓬矿段为铜矿和铅锌银矿的主要赋矿层位。$F_1$在那宜矿段也切割该层，充填有黄铁矿、黄铜矿、铅锌银矿，呈脉状、星点状或团斑状。该层厚度 89~185m。地层倾向偏北西，290°~310°，倾角变缓，12°~32°，多为 22°~30°。

（4）二塘组（$D_1e$）：花蓬、那宜、山定、盘古矿段均有分布，分布面积广，厚度大，那宜矿段上部已完全剥蚀，多出露地表，残留下段（$D_1e^1$）。根据岩性不同可分为上中下 3 层，上层（$D_1e^{1-3}$）主要为灰黑色、中厚层泥岩夹薄层泥质灰岩；中层（$D_1e^{1-2}$）为薄-中厚层泥质灰岩与深黑色薄-中厚层炭质泥岩互层；下层（$D_1e^{1-1}$）为浅灰-灰色薄层-中厚层泥质灰岩夹薄层炭质泥岩。该层裂隙不发育，少见矿化，层厚度较大，136~240m。地层走向 270°~310°，倾角缓，10°~28°，一般 21°~25°。与下伏上伦白云岩地层整合接触。

（5）第四系（Q）：洪冲积层主要为松散黏土、亚黏土、粉细砂、砾砂，夹少量岩石碎屑，该层厚度 3~20m 不等。

B　岩浆岩

矿区未见岩浆岩出露，据 1：5 万磁测、1：20 万航磁成果推测深部存在隐伏花岗岩体，埋深较大。其中离矿区最近的寺村岩体长 8km，宽 3km，埋深约 1.3km。

C　构造

矿区位于来宾凹陷平缓褶皱的东翼，地层为单斜地层，局部受断层影响，岩层发生轻微褶曲，区内构造发育，主要发育 NW 向、近 SN 向两组断裂，以 NW 向为主，为区内主要控矿构造，属永福-东乡区域断裂的次级构造，自西向东主断裂编号分别为 $F_1$、$F_2$、$F_3$ 断层，其中 $F_1$、$F_2$ 在矿区北端花蓬一带为 NW 向，有相交的趋势，往南发散分开，近于平行，$F_3$ 位于东侧，近 SN 向，在南段那宜一带与 $F_2$ 断层相交，NW 向发育的断裂 $F_{10}$ 切割近 SN 向 $F_1$、$F_2$、$F_3$ 断裂，均为区域性大断裂东乡-永福大断裂的次级断层。其特征如下。

$F_1$ 断层：$F_1$ 贯穿矿区南北，矿区内长度约 20km，其中花蓬-那宜矿段内长度约 3.25km，为正断层，在矿区北段为 NW 向，倾向 NE，倾角 55°~70°，自那宜村往南发育为近 SN 向，倾向 E，倾角变缓，约 50°，其转弯部位为花蓬矿段和那宜矿段, 地表多覆盖, 局部见有 5~30m 宽的断层破碎带, 主要出露硅化碎裂, 断层滑动面, 局部角砾发育, 粒径大小 5~10cm, 为棱角状、次棱角状, 钻孔内见 $F_1$ 构造出露厚度最小 5m, 最宽约 50m, 主要为碎裂角砾岩, 为石英脉、白云石脉胶结, 黄铁矿化发育, 多个钻孔见厚 1~5m 的白色方解石大脉, 质纯、乳白色, 充填在碎裂带中, 表明该构造具有多期性。该断层与地层的关系为切割关系, 上盘地层为上伦白云岩 ($D_1sl$)-那高岭组 ($D_1n$), 下盘地层为郁江组 ($D_1y$)-那高岭组 ($D_1n$), 在花蓬矿段是主要导矿、赋矿构造, 对花蓬矿段铜矿体和④⑤号铅锌银矿体的成矿起重要控矿作用; 钻孔 ZK22701 孔深 800.80 (-572.18m)~822.10 (-593.16m) 揭露到含矿构造带, 构造破碎, 角砾明显, 胶结物含较多方铅矿黄铁矿的方解石脉, 疑为 $F_1$ 往南延伸至那宜矿段, 矿化好, 以铅、银为主, 含铜、锌, 其中 807.80 (-579.07m)~818.10 (-589.22m) Pb 平均 6.27%, Ag 平均 $205.58×10^{-6}$, 因构造较深, 在那宜矿段对其揭露控制程度较低。

$F_2$ 断层: 为主控矿构造, 位于花蓬-那宜矿段内长度约 2km, 为正断层, 走向 325°~345°, 倾向 NE, 由北向南倾角变陡, 60°~72°, 局部超过 80°, 断层中角砾明显, 多棱角状、次棱角状, 胶结物为石英、方解石、白云石等, 具多期次活动特征, 该断层主要为那宜矿段①号铅锌银矿的赋矿构造。钻孔揭露断层最宽超过 30m, 如 ZK04、ZK20003、ZK30005 等, 断裂带内岩石破碎, 多呈棱角状、次棱角状, 胶结物为石英、方解石、白云石等, 矿化连续, 但局部不均匀, 以铅锌银矿化为主, 破碎带局部见 2~5m 厚度不等的较好矿层, 目估铅锌品位为 12%~15%。 $F_2$ 断层是那宜矿段重要的导矿、赋矿构造。

$F_3$ 断层: 为区内发育近 SN 向断层, 矿区内长度约 7.6km, 其中花蓬-那宜矿段内长度约 3.5km, 正断层, 倾向 E, 倾角陡, 多大于 70°, 矿化一般, 裂隙中见较多黄铁矿化, 局部铅锌矿化好, 矿层薄, 矿化连续性较差。在那宜矿段南与 $F_2$ 合并。

$F_4$ 断层: 矿区东侧, 断层长度约 1.6km, 为近 SN 向正断层, 倾向 E, 倾角 47°~60°, 其对矿化作用影响待查明。

$F_{10}$ 断层: 规模较大, 总长度约 42.6km, NW 向斜穿矿区南部, 矿区内长度约 11.4km, 旋转断层, 区内倾向 NE, 倾角 50°, 为正断层, 规模大, 切割区内 SN 向断层及泥盆系地层莲花山组 ($D_1l$)-东岗岭组 ($D_2d$), 岩性从碎屑岩到碳酸盐岩, 其对区内矿床影响程度不明。

矿区内钻孔揭露到较多次级构造, 规模大小不等, 矿化程度不同, 此次勘查对矿化较弱及次级小构造研究程度较低。

D 蚀变特征

花蓬矿段上部铜矿体赋存于碳酸盐岩中, 围岩为碳酸盐岩, 下部铅锌银矿体赋存于碎屑岩中，围岩为粉砂岩、细砂岩、石英砂岩等，矿体与围岩界线清楚，围岩蚀变，常见有硅化、白云石化等；那宜矿段铅锌银矿体顶、底板围岩主要为粉砂岩、含泥质粉砂岩，与矿层界线清楚，围岩中铅锌矿化弱，仅在围岩小裂隙中偶见细小铅锌矿脉，围岩蚀变主要有白云石化、重晶石化、硅化、黄铁矿化、方解石化。

(1) 白云石化。白云石化主要分布于铜铅锌银矿体内部及其两侧近矿围岩中，铜铅锌银矿体中白云石呈细小粒状，半自形-自形，其结晶程度及晶粒大小均与沉积期原生白云石有明显区别，后者一般为他形细小粒状晶体，与无定形的有机物质均匀地共生在一起，伴有细小的球状草莓状黄铁矿共生；围岩中白云石化常见于郁江组细粒石英砂岩中，他形粒状，白云石含量（质量分数）占 $10\% \sim 30\%$。

(2) 重晶石化。蚀变期的重晶石一般为半自形-自形，晶体呈柱状、短柱状，而与同沉积期的细小条片状原生重晶石明显不一样。主要在下泥盆统二塘组、上伦白云岩碳酸盐岩中，常见于断层和构造裂隙中。

(3) 硅化。区内普遍存在硅化，矿体顶、底板围岩硅化明显。在显微镜下，弱蚀变作用形成的硅质，多为细小粒状他形-半自形石英，其结晶程度及其晶体光学性质，均不同于沉积同期的原生硅质沉积物。

(4) 黄铁矿化。区内普遍存在黄铁矿矿化，黄铁矿多呈小立方体晶形、半自形，呈稀疏浸染状、细脉状广泛分布于围岩中，断层和构造裂隙中与铜矿、铅锌矿混杂，呈稠密浸染状，晶型较好，粒度较小，1mm 左右。黄铁矿化与铜铅锌银矿化关系密切。

(5) 方解石化。主要在碳酸盐岩中，矿体与围岩接触带充填方解石脉，矿化在围岩与方解石脉间或存在方解石脉中。

上述蚀变作用形成的白云石、硅质、重晶石和黄铁矿常常共生在一起，与铜铅锌银矿化关系密切。

E 赋矿层位及矿化特征

矿床明显受构造控制，为构造控矿类型，但与一定的地层层位有关。

花蓬矿段铜矿体主要赋存在上伦白云岩中，与该层白云岩有一定的关系，铜矿以脉状、细脉浸染状充填于白云岩断裂或裂隙中，围岩为白云岩，蚀变弱，白云岩产状为 $270° \sim 320° \angle 12° \sim 34°$，铜矿体走向与地层走向近于正交，与断裂构造 $F_1$ 走向相近，为 $325° \sim 335°$，矿体倾向 NE，倾角较陡，为 $45° \sim 68°$。

花蓬矿段④、⑤号铅锌矿体上部赋存在上伦白云岩中，向下延伸至碎屑岩中，受断裂构造控制，铅锌银矿体以大脉状、细脉状、网脉状充填于断裂或裂隙中，断裂与地层关系为穿层关系，矿体围岩自上而下为白云岩、白云质灰岩、泥岩、砂岩、粉砂岩等，矿体与围岩界线清晰，围岩蚀变弱，褪色化明显，矿脉与围岩间常见充填白云石、方解石，与铅锌银矿一起形成矿脉，围岩岩层产状与铜矿围岩产状基本相同，局部受构造作用影响，岩层倾角变陡，矿体总体走向330°，倾角较陡，多55°~71°。

那宜矿段①号铅锌银矿体受$F_2$断裂构造控制明显，但与郁江组、那高岭组地层有一定关系，矿体主要赋存于$F_2$断裂构造中，$F_2$断裂与地层关系为穿层关系，因此矿体主要赋存在郁江组、那高岭组的砂岩、粉砂岩、泥质粉砂岩中的断裂$F_2$中，受郁江组、那高岭组碎屑岩层位控制，矿体平面上呈脉状，剖面上呈大脉状、细脉状、网脉状，矿体往上延伸至郁江组上部泥岩、钙质砂岩矿化减弱，向下至郁江组底部和那高岭组中上部构造中矿化富集，矿体走向315°~332°，倾向NE，产状较陡，倾角56°~73°，沿倾向向深部产状有变陡的趋势，局部倾角达80°。

F 矿床特征

a 花蓬矿段矿体形态、规模与产状

（1）矿体总体产状与断裂$F_1$、$F_2$一致，走向315°~332°，倾向NE，铜矿倾角45°~68°，铅锌矿倾角56°~73°。

（2）矿体受构造控制，平面上形态为带状、似透镜状、不规则状（见图4-4），剖面形态为脉状、透镜状，向深部延伸见分支复合现象（见图4-5和图4-6）。

（3）铜矿体埋深相对较浅，主要赋存在上伦组白云岩中的断裂构造中，围岩为白云岩，弱蚀变，白云岩产状为270°~320°∠12°~34°，铅锌银矿体受构造控制，切割地层广泛，自泥盆系那高岭组到上伦白云岩，产状与构造方向一致。

①号铜矿体：为花蓬矿段铜矿主矿体，平面上分布于勘探线2~16线，矿体平面上呈透镜状、脉状，剖面上呈脉状、枝状，走向NNW310°~340°，总体走向335°，倾向NEE，倾角45°~65°，总体南高北低的趋势。矿体埋深最小17m（标高+180.93m），最大366.54m（标高-170.52m），最大埋深位于07线ZK707孔。矿体规模较大，沿走向控制长约465m，钻孔控制倾向斜深310m，沿倾向向深部矿体未完全控制圈闭（见图4-4），矿体顶部通过钻孔基本控制；矿体厚度0.49~17.21m，平均3.54m，厚度变化系数109.54%，较稳定。Cu品位为0.18%~5.71%，平均品位为1.83%，品位变化系数111.80%，有用组分铜分布较均匀。估算铜矿石量125.87×10$^4$t，铜金属量控制资源量+推断资源量2.23×10$^4$t。

④号铜铅锌银矿体：为含铜的铅锌银矿体，平面上分布于花蓬矿段勘探线9~19线，埋深57.50~623.26m，矿体分布范围较大，矿体沿走向钻孔工程控制长度约为552m，沿走向未完全控制，沿倾向钻孔控制约547m，控制标高

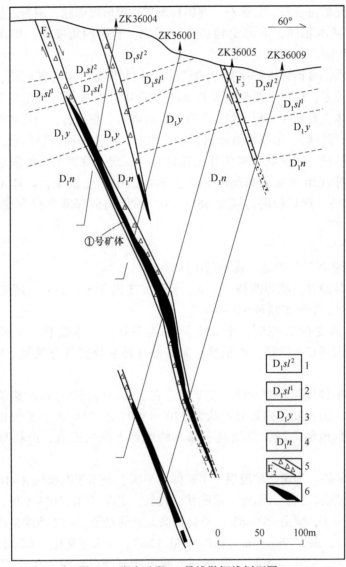

图 4-5 那宜矿段 36 号线勘探线剖面图

(据广东省地球物理探矿大队，2015，修编)

1—上伦白云岩上段；2—上伦白云岩下段；3—郁江组；4—那高岭组；
5—断裂破碎带及编号；6—矿体及编号

$-397.34 \sim +154.15m$，矿体顶部通过钻孔工程基本控制，沿倾向向深部矿体未完全控制圈闭。矿体平面形态为脉状，剖面上局部为大透镜状，受断层破碎带控制，钻孔揭露未见后期断裂对其穿插，矿体连续性好，矿体厚度 $0.50 \sim 18.98m$，平均厚度 2.71m，厚度变化系数为 120.35%，厚度不稳定，局部为大的透镜状或囊状富矿包；矿石主要有用组分为铅、锌、银，含少量铜矿，沿倾向向深部由铜

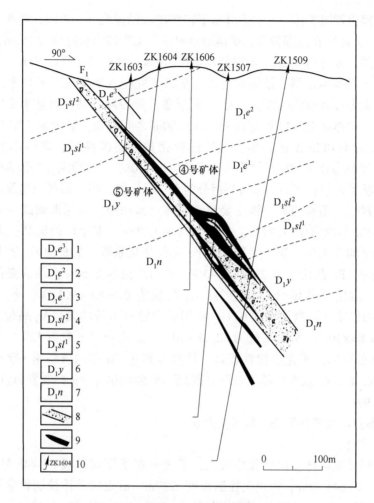

**图 4-6 花蓬矿段 16 号线勘探线剖面图**

（据广东省地球物理探矿大队，2015，修编）

1—二塘组上段；2—二塘组中段；3—二塘组下段；4—上伦白云岩上段；5—上伦白云岩下段；

6—郁江组；7—那高岭组；8—断裂破碎带及编号；9—矿体及编号；10—钻孔及编号

过渡为铜铅锌银、铅锌银矿，铜主要位于矿体上部浅层，向深部铜减少、铅锌银增多。其中，Cu 品位为 0~3.44%，多为 0.3%~0.5%，平均 0.25%，为共生有用组分，变化系数 154.56%，不均匀；Pb 品位为 0.30%~11.18%，平均品位 2.92%，品位变化系数为 108.86%，有用组分铅分布较均匀；Zn 品位为 0.32%~10.93%，平均品位 2.60%，品位变化系数 76.01%，有用组分锌分布均匀；Ag 品位为 $5.04 \times 10^{-6}$ ~ $429.54 \times 10^{-6}$，平均品位 $92.52 \times 10^{-6}$，品位变化系数 116.60%，有用组分银分布较均匀，矿化连续性较好。金属量控制资源量+推断资源量 Pb+Zn $12.98 \times 10^4$t，Ag 217.80t，Cu $0.59 \times 10^4$t。

⑤号铜铅锌银矿体：平面上分布于花蓬矿段勘探线 7～17 线，埋深 100.10～668.14m，矿体分布范围较大，矿体沿走向钻孔工程控制长度约为 758m，沿走向未完全控制，倾向约 592m，向深部延伸控制标高 −468.87～+111.71m，矿体顶部通过钻孔工程基本控制，沿倾向向深部矿体未完全控制圈闭。矿体平面上呈脉状，剖面上为近等轴状透镜状，受 $F_1$ 断层破碎带控制，钻孔揭露未见后期断裂对其穿插，矿体在 12～14 线标高 −100～+100m 之间出现无矿天窗，在 16～16 线 −200～0m 标高出现无矿天窗，但矿体较完整，连续性好。矿体厚度 0.34～11.36m，平均厚度 2.89m，厚度变化系数为 105.08%，较稳定，局部为较大的透镜状或囊状富矿包；矿石主要有用组分为铜、铅、锌、银，沿倾向向深部由铜过渡为铜铅锌银、铅锌银矿，铜主要位于矿体上部浅层，向深部铜减少铅锌银增多。其中 Cu 品位为 0～1.71%，多为 0.2%～1.50%，多个块段铜品位大于 1%，矿体中铜平均 0.37%，为共生有用组分，品位变化系数为 238.51%，有用组分铜分布不均匀；Pb 品位为 0.23%～6.43%，平均品位为 2.50%，品位变化系数为 108.39%，有用组分铅分布较均匀；Zn 品位为 0.20%～9.11%，平均品位为 2.46%，品位变化系数为 103.63%，有用组分锌分布较均匀；Ag 品位为 4.00×$10^{-6}$～146.84×$10^{-6}$，平均品位为 82.28×$10^{-6}$，品位变化系数为 125.26%，有用组分银分布均匀；矿化连续性较好。估算金属量 Cu 控制资源量+推断资源量 1.14×$10^4$t，Pb+Zn 控制资源量+推断资源量 15.54×$10^4$t，Ag 控制资源量+推断资源量 256.99t。

　　b　那宜矿段矿体形态、规模与产状

　　（1）矿体。

①号铅锌银矿体：矿体规模较大，平面分布于那宜矿段 00～46 号勘探线，埋深 112.74～644.40m，沿走向控制长度 1237m，沿走向矿体控制程度不足，沿倾向控制延伸 548m，沿倾向控制矿体标高 −393.02～+150.93m，倾向上矿体顶部通过钻孔工程基本控制，往深部矿体未完全控制圈闭。矿体走向 315°～332°，倾向 NE，产状较陡，倾角 56°～73°，局部倾角 80°，矿体受断层 $F_2$ 控制，平面上形态呈大脉状，剖面上呈脉状、枝状，局部膨大呈囊状富矿包，钻孔揭露未见后期断裂对其穿插破坏，矿体在 12～24 线 −100～100m 标高和 28～30 线 −100～0m 标高之间出现无矿天窗，但矿体较完整，连续性较好。矿体厚度 0.79～10.62m，平均厚度 3.35m，厚度变化系数为 89.09%，矿体厚度较稳定；Pb 品位为 0.30%～11.58%，平均品位为 2.72%，品位变化系数为 135.17%，有用组分铅分布较均匀；Zn 品位为 0.16%～9.03%，平均品位为 2.27%，品位变化系数为 114.52%，有用组分锌分布较均匀；Ag 品位为 9.60×$10^{-6}$～254.75×$10^{-6}$，平均品位为 87.00×$10^{-6}$，品位变化系数为 120.09%，共生有用组分银分布较均匀。估算金属量控制资源量+推断资源量 Pb+Zn 27.67×$10^4$t，Ag 481.99t。

（2）矿石成分。

1）矿石的矿物成分。

矿物成分较简单，金属矿物主要为黄铜矿、闪锌矿、方铅矿，少量黄铁矿、蓝铜矿、黝铜矿、辉铜矿、辉砷镍矿，非金属矿物主要为石英、白云石和方解石等。有用矿物成分主要有黄铜矿、闪锌矿、方铅矿、深红银矿。

黄铜矿：浅黄色，多呈他形粒状结构，碎裂结构。稀疏浸染构造、斑点状构造、星散浸染构造，脉状构造等。黄铜矿粒径一般在 0.05~0.6mm 之间，含量占 2%~12%，最高达 20%。

闪锌矿：褐色、灰绿色、浅褐红色，其结构构造与方铅矿相似，多呈他形粒状结构，少量呈半自形粒状结构，偶见晶型完整且较大矿石。稀疏浸染构造、脉状构造、块状构造、角砾状构造等。块状构造矿石中闪锌矿多与方铅矿共生，见较多黄铁矿混杂；脉状矿石中闪锌矿为细脉状或直接充填于围岩裂隙或与石英脉、白云石脉呈不均匀混杂充填，呈不规则细脉状。闪锌矿内部普遍不均匀地漫布着极细微乳滴状的黄铁矿、黄铜矿和方铅矿。闪锌矿粒径较小，一般在 0.001~0.8mm 之间，多为 0.001~0.03mm，含量占 3%~4%。

方铅矿：铅灰色，多呈他形粒状结构，少量呈半自形粒状结构，半自形粒状结构矿石常在石英脉中或石英小晶洞中。稀疏浸染构造、脉状构造、块状构造、角砾状构造等。块状构造矿石中方铅矿多与闪锌矿共生，见较多黄铁矿混杂；脉状矿石中方铅矿为细脉状或直接充填于围岩裂隙或与石英脉、白云石脉呈不均匀混杂充填呈细脉状。方铅矿粒径一般在 0.05~0.6mm 之间，含量约 3%。

黄铁矿：浅黄色，浅灰白色，一般呈他形-自形粒状结构，常见立方体状、浸染状、星点状、团块状、细脉状等，常与黄铜矿、方铅矿、闪锌矿等混杂呈脉状、团斑状，于灰岩、泥岩中见星点状、稀疏浸染状黄铁矿，粒度多在 0.1~0.6mm 之间，含量占 1%~7%，最高可达 23%。

深红银矿：深红色，矿物集合体与自然银以及其他矿物，如黄铁矿、方铅矿、白云石和方解石共生于矿脉中，镜下多呈极细微的乳滴状、长条状、火焰状，极不均匀地分布于部分方铅矿中，工艺矿物学粒度在 0.001~0.04mm 之间，一般在 0.001~0.01mm 之间，含量小于 1%。

矿物生成顺序：上述矿物多为连生，铜矿石中见少量黄铁矿、方铅矿嵌生在黄铜矿中，表明黄铜矿生成较早；铅锌矿石中见闪锌矿中普遍有极细微乳滴状黄铁矿、黄铜矿不均匀漫布，有时还见细微的方铅矿分布其中，表明早于其他矿物。

2）矿石化学成分。

铜矿石主要化学成分为 $CaO$、$SO_3$、$MgO$、$K_2O$、$SiO_2$、$Al_2O_3$、$CO_2$、$P_2O_5$、$Fe_2O_3$、$CuFeS_2$，微量元素为 Mn、Sb、Zn、Pb、As、Co、Ni、Cl、Sr 等。CaO

含量较高，最高达 40% 以上，一般为 17.3%～30.37%；$SiO_2$ 含量较低，一般为 2%～5%，由于硅化强度不等，含量可达 20% 以上；$CuFeS_2$ 含量 0.2%～7%，多为 2%～3%，为主要有用组分；$Fe_2O_3$ 普遍大于 10%；Zn 含量 0.03%～0.5%，Pb 含量 0.01%～0.3%；$SO_3$ 含量较高，4.7%～20.8%；As 含量低，0.01%～0.2%；微量元素含量很低，通常其总和小于 1%，化学多项分析 Ag $21.8×10^{-6}$。

铅锌银矿石主要化学成分为 CaO、$SO_3$、MgO、$SiO_2$、$Al_2O_3$、$CO_2$、$P_2O_5$、$Fe_2O_3$，微量元素为 Mn、Sb、Ti、Zn、Pb、Co、Ni、Cr、Sn、Zr、Cl、Cd、Ag、Sr、In、Rb 等。花蓬矿段部分铅锌银矿产于碳酸盐岩中，CaO 含量较高；那宜矿段铅锌银矿石围岩为砂岩、粉砂岩，$SiO_2$ 含量较高，为 17.0%～67.5% 不等；因充填石英、白云石、方解石量不同，$SiO_2$、CaO 含量比例有变化，CaO 含量一般为 3%～9%，随充填方解石增多，含量可达 30% 以上；$Fe_2O_3$ 含量约 10%；$SO_3$ 普遍含量高，多为 7%～20%，可作有益组分回收利用；Zn、Pb 含量变化较大，Pb 含量 1.0%～7.6%，一般 3%～5%，为有用组分，Zn 含量 0.6%～11.7%，一般 3%～5%，为有用组分；Cu 含量 0.07%～0.3%；$SO_3$ 含量较高，3.5%～20.4%；多数微量元素含量低，偶见单样品 Cd、Rb 品位达伴生工业指标的 2～3 倍，Ag 含量多大于 $10×10^{-6}$，最高可达 $1619×10^{-6}$，平均可达 $90.96×10^{-6}$，可作共生元素回收利用。

综上表明黄铜矿中主元素为 Cu，次要元素为 Zn、Pb、Ag、S，铅锌银矿中主元素为 Pb、Zn、Ag，次要元素为 Cu、S。

3）矿石结构、构造。

矿区分铜矿体和铅锌银矿体，矿石类型主要有两个大类，即铜矿石和铅锌银矿石。

铜矿体矿石具动力作用形成的碎裂结构、角砾结构，蚀变作用形成的他形粒状变晶结构、半自形粒状变晶结构、半自形他形柱粒状变晶结构、他形半自形柱板状变晶结构。矿石构造有块状构造、脉状穿插构造、斑点状构造、星散浸染构造。

铅锌银矿体矿石具动力作用形成的角砾结构、碎裂结构，蚀变作用形成的他形粒状变晶结构、半自形粒状变晶结构、半自形他形柱粒状变晶结构、他形半自形柱板状变晶结构。矿石构造有块状构造、无定向构造、脉状穿插构造、斑点状构造、浸染构造、次块状构造。

（3）矿石类型。

1）矿石自然类型。

根据矿石化学成分及物相分析，花蓬矿段铜矿石主要有用组分为黄铜矿，原生硫化铜中铜含量约占矿石中铜含量的 95%，表明氧化程度低，氧化带不发育，其中含方铅矿、闪锌矿较低，自然类型属黄铜矿矿石。那宜矿段①号铅锌银矿体和花蓬矿段④、⑤号铜铅锌银矿体以方铅矿和闪锌矿为主，共生银，矿石中方铅矿、铅氧化物、其他形态铅矿物占比分别为 89%~96%、1%~7%、1%~2%，矿石中闪锌矿、锌氧化物、其他形态锌矿物占比分别为 88%~91%、4%~14%、1%~2%，另外铅锌矿中含银矿物，银主要为硫化银，次为自然银，银含量为 $10\times10^{-6}$~$1560\times10^{-6}$，平均约 $91.00\times10^{-6}$，表明那宜矿段①号铅锌银矿体和花蓬矿段④、⑤号铅锌银矿体矿石氧化程度低，氧化带不发育，因此，那宜矿段①号铅锌银矿体和花蓬矿段④、⑤号铅锌银矿体矿石自然类型属银方铅矿、银方铅矿闪锌矿、银闪锌矿。

2）矿石工业类型。

花蓬矿段①号铜矿体赋存于围岩裂隙、断层构造中，矿石中金属矿物以黄铜矿为主，常与石英、方解石等呈脉状，见较多黄铁矿，$Fe_2O_3$ 含量超过 10%，属于脉状含黄铁矿硫化铜矿石，矿石类型属硫化矿。

花蓬矿段④、⑤号铅锌银矿体与那宜①~⑤号铅锌银矿体均赋存于围岩裂隙、断层构造中，受断裂构造控制，矿体形态呈脉状，矿石中金属矿物以方铅矿、闪锌矿为主，其中银含量较高，主要为硫化银，最高可达 $1619\times10^{-6}$，平均约 $91.00\times10^{-6}$，工业类型为脉状铅锌银硫化矿石，属硫化矿。

那宜矿段⑥号铜矿体部分出露于地表，有氧化，但氧化程度低，仅地表氧化，氧化带浅，该部分氧化矿资源量占比小，厚度薄，故未单独圈定氧化矿，矿石主要成分为硫化铜，矿石主要类型为硫化矿。那宜矿段⑦号铜矿体埋藏较深，构造控矿类型，肉眼观察矿石与花蓬矿段铜矿体矿石类型相同，主要为黄铜矿，矿石类型属硫化矿。

（4）成矿地质作用与矿床成因。

东乡-永福区域性大断裂为深部热源能量传递和热液循环提供通道，伴随深大断裂形成的系列次级断裂，是成矿物质富集沉淀的场所，起着重要的导矿、赋矿作用，受地层层位控制作用较弱。

该区铜铅锌多金属矿成矿物质来源以地层为主要来源，部分来自深源的岩浆作用；含矿溶液为雨水渗透地下深循环中演化而成含矿热卤水；热源主要是地热增温和隐伏花岗岩体；铅锌矿床（点）成矿温度为 150.4~245.1℃，为中-低温沉积-热卤水改造型铅锌矿。矿体形成主要是由于含矿热卤水沿构造上升，萃取围岩中 Pb、Zn 成矿物质，在层间破碎带中形成矿体或矿化带，属热液充填型多金属矿床。

依据前人资料，结合区域构造、成矿特点，作者认为该区成矿具有多期次、多成因特点。

第一期成矿作用发生在海西期（早泥盆世），是该矿床的成矿早期，沉积-成岩阶段形成成矿元素初步预富集的矿源层。成矿物质主要来源下泥盆统。

第二期成矿作用发生在印支期，是该矿床的主要成矿期，有重结晶作用、叠加富集作用、原矿石碎裂后再次充填胶结作用。

（5）主要控矿因素。

1）地层层位及岩性。

据已发现矿体赋存部位分析，铜矿多赋存于下泥盆统上部上伦白云岩构造裂隙中，围岩为白云岩，白云岩多为中粗晶结构，夹白云质灰岩；铅锌矿多存在于下泥盆统郁江组和那高岭组构造裂隙中，围岩主要为粉砂岩、细砂岩和泥质粉砂岩，仅见花蓬矿段南部浅层碳酸盐岩断层构造中铅锌矿化，矿化一直延伸至深部砂岩、粉砂岩构造裂隙中，表明铜铅锌矿化与地层层位有一定关系，但主要受构造控制。

2）构造。

矿床大地构造位置为来宾凹陷带与大瑶山隆起的交接部位，区内断裂构造发育，其中 $F_8$（东乡-永福）区域性大断裂贯穿矿区，次生的 $F_1$ 南北向断裂带，规模较大，是热液活动的通道，为矿区主要的导矿构造。在其旁侧发育的次一级断裂则是较好的容矿构造，是矿液进行交代、沉淀的有利场所。

区域性大型断裂构造不仅控制了不同构造阶段的沉积建造或热液活动，同时对地质时期中坳陷与隆起的展布与演化起着一定的制约作用。深断裂的形成与发展常伴随强烈的构造运动，是成矿物质形成和富集的动力，是矿源和热源的传递通道，也是成矿物质富集沉淀的容矿空间。

矿体受构造作用明显，已知的花蓬矿段、那宜矿段矿体均受区内断层 $F_1$、$F_2$ 控制，$F_1$ 断层为主要的导矿构造，在花蓬矿段断层 $F_1$ 集导矿作用和赋矿作用于一体，矿体为脉状充填型，矿体走向与主构造 $F_1$ 走向基本一致；那宜矿段主要赋矿构造为断层 $F_2$，矿体主要赋存在构造破碎带中，与围岩界限明显，明显受 $F_2$ 构造控制，矿体走向与 $F_2$ 走向基本一致。

3）岩浆岩与成矿的关系。

隐伏岩体与成矿有一定关系，是矿床成矿物质的主要来源之一。岩浆活动越强烈，提供的成矿物质越丰富，越容易富集成矿。

4）热液作用。

区内未见岩浆岩出露，矿区南边 ZK17306 涌水，水温 30℃，矿区东部寺村一带多天然温泉，推断热液来源于深部，深部地下热卤水循环、渗透作用，溶解亲硫矿物，如 Fe、Cu、Pb、Zn 等，携带矿液的热卤水沿断层、裂隙运移上升，在有利的构造部位富集成矿。

矿区外围见岩浆岩活动迹象，局部见小面积岩浆岩出露，例如金秀东乡岩体，长 14km、宽 3~7km、埋深 1~1.5km；武宣地区的 3 个隐伏岩体，其展布与大瑶山西侧多金属成矿带基本一致，区内据航磁推测有寺村隐伏岩体，长 8km、宽3km，埋深1.3km；已发现矿床（点）在空间上与隐伏花岗岩体距离较近，存在一定的空间关系，推测成矿热液部分来自岩浆期后，部分来自地下热卤水。

（6）矿化富集规律。

1）矿体受构造控制，在断裂平直、宽大的部位矿化较差，多为细脉状矿脉，在断裂由大变小的部位矿化较好，为大脉状、似层状厚大矿体。

2）矿体在水平和垂直空间上明显具有分带性，平面上以花蓬矿段10号勘探线为界南部主要为铅锌银矿，北部主要为铜矿，垂向上地层上部为铜矿，花蓬矿段铜矿标高多为0～+200m以上，下部铅锌矿体标高多为0～-300m，形成上铜下铅锌、北铜南铅锌的格局。

3）矿物组合上有一定的规律，铜矿以黄铜矿为主，少铅、锌，共生银，铅锌矿含铜量较低，共生银，银与方铅矿呈正相关关系，与闪锌矿关系不大。

（7）找矿标志。

1）地层、岩性标志：勘查区内填图划分地层单元，找矿重点是上伦白云岩，郁江组砂岩、粉砂岩，那高岭组粉砂岩。

2）构造标志：寻找区内断层构造、多期次构造及构造方向发生转折的地方有利成矿。

3）围岩蚀变：区内围岩蚀变主要在矿体顶、底板附近，距离矿体1～2m，最远可达15m。围岩蚀变类型主要为黄铁矿化、硅化、方解石化、白云石化，次有重晶石化，其中白云石化、硅化和黄铁矿化与成矿关系最为密切。

4）物化探异常：通过普查详查工作验证，矿区内已发现的铜铅锌银矿脉与物化探异常套合性很吻合，特别是对隐伏矿、深部构造，物探异常有重要的找矿指导意义。同时要分析区域重力异常，特别是隐伏岩体的空间位置。

（8）新类型矿床及新围岩的发现。

新发现象州县妙皇铜铅锌矿体呈脉状，成矿对地层、岩性的选择性不强，与隐伏岩体有一定关系，矿床受NW向、近SN向断裂控制（见图4-7）。围岩的物理化学性质和岩性组合对成矿也起着相当重要的作用。白云岩、白云质灰岩、砂质岩，性脆，受力易产生节理裂隙，形成细脉带型、破碎带透镜状矿床。断裂通过不同地层或岩层界面，遇性脆的岩性时成矿性较大，矿体厚度相对变大，品位亦相对变富。

（9）铅锌找矿潜力分析。

妙皇矿区及周边地区仍有较大找矿潜力，以往地质工作程度低，对矿体认识不足，依照区内已发现矿体，研究成矿规律和控矿因素，在有利部位深部寻找盲矿体潜力较大。

1）该区已发现矿体主要为盲矿体，地表仅见少量铜矿化信息，铅锌银矿体埋深较大，前期在详细的地质工作和物探工作的基础上，选择物探异常较好的地

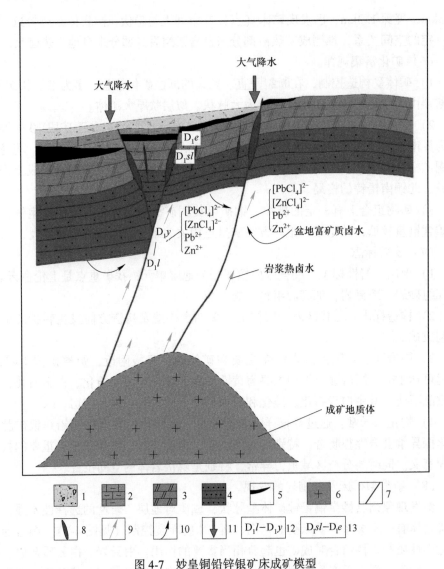

图 4-7  妙皇铜铅锌银矿床成矿模型

1—浮土层；2—泥质灰岩；3—白云岩；4—细砂岩；5—炭质泥岩盖层；6—花岗岩体；
7—断裂；8—矿体；9—岩浆热卤水；10—盆地富矿质卤水；11—大气降水；
12—泥盆系莲花山组-郁江组；13—泥盆系上伦白云岩-二塘组

段开展深部找矿，在那宜矿段取得了较好的找矿成果，发现埋深 500m 左右较好的铅锌银矿，矿体沿倾向埋深较大，沿矿体倾向深部工程控制很低，故那宜矿段深部找矿仍有较大的潜力。

2）花蓬矿段铜矿埋深较浅，前期施工钻孔深度约 300m，零星钻孔深部见较好铅锌矿化，如钻孔 ZK1107 在孔深 590~635m 处铅锌品位较好，厚度较大；钻孔 ZK1310 在孔深 650~684m 处铅锌品位较好，厚度较大，该矿段上部寻找铜矿，深部寻找铅锌矿有较大的潜力。

3）花蓬矿段、那宜矿段铅锌矿体特征相似，矿体位于同一矿带上，两个矿段之间相距 400~500m 范围内目前未施工钻孔揭露，该段将成下一步找矿重要靶区，找矿潜力巨大。

4）矿区南部盘古矿段受构造 $F_1$ 控制，其 Cu、Pb、Zn 综合元素异常明显，套合性较好，异常值较高，异常分布范围面积约 3933705m$^2$。该处将成为下一步找矿重要靶区，具有很大的找矿潜力，可开展进一步找矿工作。

5）山定矿段受构造 $F_1$ 控制，地表施工了 3 条槽探，揭露矿化较好，控制断层破碎带长度约 1460m，为下一步在该区域找矿提供了较好线索，具很大的找矿潜力。

6）矿区内矿体形态呈脉状，为热液充填交代型，在已发现矿体沿倾向更深处可能会有似层状、透镜状的铅锌矿体，"上脉下层"成矿模式值得探索，深部及边部仍有较好的找矿潜力。

# 5 大瑶山西侧中南段找矿标志及成矿规律

## 5.1 找矿标志

找矿标志包括地质标志、地球化学异常标志、地形标志、生物标志、地球物理标志和人工标志。

(1) 地质标志。

1) 氧化露头标志，是硫化物矿床的次生氧化带，如"铁锰帽"、铜蓝、孔雀石和堆积重晶石等。

2) 围岩蚀变标志。南段以重晶石化、白云石化、硅化均与矿化关系密切，故这些近矿围岩蚀变特别是白云岩中含金属硫化物的强重晶石化和硅化层位为显著的找矿标志；中段区内围岩蚀变主要在矿体顶、底板附近，距离矿体 1~2m，最远可达 15m。围岩蚀变类型主要为黄铁矿化、硅化、方解石化、白云石化，次有重晶石化，其中白云石化、硅化和黄铁矿化与成矿关系最为密切。

3) 构造标志。永福-东乡、凭祥-大黎两条区域性复合大断裂相交及旁侧的近 NE 向和近 NE 向的次级构造。区内隆起边缘的 NE 向区域性断裂构造控制矿床展布，下泥盆统上伦白云岩、官桥白云岩中 NE 向层间挤压破碎带控制矿体的产出形态。寻找区内断层构造，多期次构造及构造方向发生转折的地方有利成矿。

4) 地层、岩性标志。南段以下泥盆统上伦白云岩、官桥白云岩为主要赋矿层位，下泥盆统郁江组、大乐组和中泥盆统东岗岭是次要赋矿层，以上层位是该区寻找铅锌矿的地层标志；白云岩是主要岩性标志；中段找矿重点是上伦组白云岩，郁江组砂岩、粉砂岩，那高岭组粉砂岩。

5) 岩浆岩标志。航磁重磁推测的隐伏花岗岩体上部或周边的含矿层位和含矿构造。

(2) 地球化学异常标志。矿区 Pb、Zn、Ba 等元素化探组合异常区是寻找铅锌矿的重要靶区。

(3) 地形标志。铅锌等硫化物矿体抗风化能力弱，负向微地形是找矿标志。

(4) 生物标志。Pb、Zn 硫化物矿体附近，植物枯萎，可以作为间接找矿标志。

(5) 地球物理标志。瞬变电磁异常、激电异常、地电提取元素异常和吸附相态汞异常等异常区，特别是对隐伏矿、深部构造，物探异常有重要的找矿指导意义。同时要分析区域重力异常，特别是隐伏岩体的空间位置。

（6）人工标志。区内民采铅锌矿历史久远，故民采坑或民采坑道分布地段，特别是集中出现地段是找矿的重要标志。

## 5.2 成矿带成矿规律

广西大瑶山西侧铅锌多金属成矿带铜铅锌矿床具成带成群集中分布特点，按其矿床组合及空间分布特点由北往南可分为 3 个成矿亚带，依次是：（1）桐木-寺村成矿亚带：包括桐木铜铅矿田、寺村含铜铅锌重晶石矿田；（2）新造-乐梅成矿亚带，包括水村铜铅锌矿田、乐梅铅锌矿田、新造-风门坳铅锌矿田等；（3）波吉-司律成矿亚带，包括朋村-盘龙铅锌黄铁矿田及波吉、司律铅锌黄铁矿点。各成矿亚带总体呈近 SN 或 NE 走向，与区域构造线相吻合。

（1）矿区铅锌矿主要产于泥盆系，产出层位有下泥盆统郁江组、上伦白云岩、官桥白云岩、大乐组，中泥盆统东岗岭组，其中下泥盆统上伦白云岩、官桥白云岩为矿区主要赋矿层位。

（2）据已知各矿床（点）的矿石铅同位素模式年龄值为 202～452Ma，其中绝大多数为 329～378Ma（广西石油队，1988），基本上与赋矿地层时代一致。后生脉型矿床（六峰山）矿石铅同位素模式年龄值为 202Ma，相当于印支期。故可认为矿区沉积-热液改造型铅锌矿成矿时代为海西—印支期，破碎带蚀变岩型矿床形成时代应为印支期，这些矿床的形成均与岩浆活动（矿区主要为隐伏岩浆活动）的热事件有关。

（3）分布于来宾凹陷与大瑶山隆起交接部位，在空间上成带分布于隆起边缘的桐木—六峰山—盘龙一带；矿床沿 NE 及 NNE 向断裂带分布，其产出严格受 NE 及 NNE 向断裂带控制，具有近等距性分布的特征，如朋村、古立、盘龙矿床以及新造、南洞、六峰山矿点，矿床的分布与重磁推测隐伏花岗岩体展布方向基本一致。矿床组合分布规律：矿床组合自南往北显示 Pb、Zn、$FeS_2$→Pb、Zn、Cu→Cu、Pb 的变化趋势，即南部以铅锌黄铁矿为主，中部以铜铅锌矿为主，北部以铜铅矿为主。

### 5.2.1 波吉-司律成矿亚带成矿规律

在 3 个成矿亚带中，其中规模较大的铅锌矿床主要分布于波吉-司律成矿亚带，其含矿层位较低，为下泥盆统上伦白云岩、官桥白云岩、二塘组。

5.2.1.1 区域构造对成矿的控制作用

A 大地构造对成矿的控制作用

矿区处于华南板块桂中凹陷与大瑶山隆起的交接部位（罗永恩，2009），属于大瑶山华力西造山带西侧。近南北永福-东乡深大断裂在其东侧展布，矿区沿此断裂从元古宙至晚古生代一直自东向西俯冲，由于洋壳板块俯冲，挤压产生巨大的热能，板块深部熔融，促使基底岩系铅锌多金属多次活化、运移、富集、成矿。

华力西期的碰撞造山作用沿永福-东乡深大断裂与其斜交并切割基底岩层的凭祥-大黎深大断裂产生挤压推覆作用，使基底岩层进一步经受加热、改造，金属元素进一步富集，在中生代大陆裂谷发育时期，矿区构造、岩浆活动达到高峰，铜、铅、锌、银等有色金属成矿元素在有利构造部位最终成矿。

B　构造层对成矿的控制作用

海西-印支构造层属盖层构造层，始于海西运动，定型于印支运动，并叠置于雪峰—加里东构造层之上。泥盆纪时，同沉积断裂拉张走滑活动强烈时，盆地下陷强烈，并伴有基性、中基性-酸性火山喷溢，其矿化强烈，与铅锌矿成矿关系密切。海西-印支构造层是广西铅锌矿最主要的控矿构造层（广西地质矿产勘查开发局，2001），而泥盆系亚构造层是控制广西铅锌矿床的最主要亚构造层，如泗顶铅锌矿床、北山铅锌矿床、盘龙铅锌矿床、朋村铅锌矿床、锡基坑铅锌矿床等。

C　泥盆纪盆地对成矿的控矿作用

大瑶山西侧的泥盆纪沉积盆地，从沉积埋藏至印支造山运动过程中，特别是印支运动导致了泥盆纪早期基底断裂的复活及相应的成岩-构造作用，新生的旁侧断裂系及相应的成岩系列，为后期铅锌矿在地下热水再次富集提供了有利的容矿空间（王剑等人，1998），如花鱼岭铅锌矿、风沿铅锌矿。

5.2.1.2　断裂构造对成矿的控制作用

A　近 SN 向断裂构造的控岩控矿作用

矿区为区域性断裂，走向近 SN，从南到北贯穿全区，自永福经龙胜延入湖南。断裂倾向东，倾角 57°，西盘向东逆冲，总体为逆断层，具韧性变形特征。其形成于雪峰期，泥盆纪时同沉积断裂活动，不仅控制了泥盆纪沉积盆地、沉积相带的形成与演化，而且也控制了同生期的含矿热水溶液的运移、交代或海底喷流作用活动，形成矿源层或同生矿床。断裂破碎带断续可见，宽 1~10m，由强烈的硅化、角砾岩及断层泥组成。断裂切割了泥盆系，断层两侧岩层可见牵引褶皱，局部见有擦痕及滑面，断距 200~500m。沿断裂带有铅、锌、铜、重晶石等矿化现象，该断裂控制武宣-象州层控铅锌矿床。

B　北东向断裂构造的控矿作用

NE 向断裂发育，纵贯全区的深大断裂是导矿构造，为区域性大断裂，属于大黎断裂的西段，走向 NE，贯穿全区并延至区外。断裂倾向 SE，倾角 50°~65°，属逆断层。其形成于加里东期，断裂切割了寒武系及泥盆系，断距大于数百米，破碎带宽数米至数十米，构造透镜体、糜棱岩、断层角砾岩、硅化、劈理及擦痕等现象较普遍，部分地段硅化强烈。该断裂属复合断裂，在晚古生代—三叠纪控制了深水、半深水断槽凹地或盆地相沉积及海底基性-酸性火山活动，又在东吴、印支运动时强烈挤压成为逆冲断裂，同时成为同构造运动岩浆活动的通道。中、新生代时，对陆相盆地的展布和燕山期中酸性-酸火山岩-侵入岩的分布及花岗岩体有关铅锌矿床分布。

东乡-永福及凭祥-大黎两条断裂在东乡以南相交。受其影响，旁侧还伴生有近 SN 向、近 EW 向、NW 向等小断裂及一些层间破碎带。这些伴生的断裂构造是该区主要控、赋矿构造。

加里东运动构成了 NNE 向的复式褶皱为不对称紧密褶皱，局部为同斜倒转褶皱向 NW 倾斜。

华力西期的走滑断层和同沉积断裂对盆地进行改造形成了基底堑-垒交替的构造格局。NE 向通挽-东乡挤压断裂带控制了成矿带南段的矿床矿化分布形成盘龙、古立、朋村等铅锌矿床（罗永恩，2009）；NNE 向的桐木断裂带及派生的 NW 向妙皇、热水断裂构成"Y"字形断裂控制了成矿带中-北段的沉积岩相和岩性变化形成花鱼岭、风沿、石山等铅锌铜矿床。

### 5.2.1.3 地层对成矿的控制作用

根据分析结果，结合地质构造特征及矿化特点，大致可划分为早、中、晚三个成矿期。

（1）早期以白云石、重晶石、石英为主，伴随少量黄铁矿。

（2）中期主要有白云石、黄铁矿、重晶石、石英、闪锌矿、方铅矿，部分充填于早期脉石矿物解理、裂隙之中。

（3）晚期白云石、重晶石脉及少量闪锌矿贯穿于中期硫化物矿脉中。矿区中最主要成矿期，为热液成矿阶段中期。在盘龙铅锌矿区，两个矿段赋矿围岩以白云岩为主，次为硅质岩。

矿区内对铅锌成矿起主导作用的含矿建造为泥盆系准地台碳酸盐岩含矿建造，主要赋矿层位为下泥盆统的上伦白云岩。岩石组合以白云岩为主的泥灰岩-生物碎屑灰岩-生物碎屑白云岩组合，显示特定的层位及岩性组合，其中铅锌矿的富集程度往往与含矿白云岩的厚度呈正相关关系，含白云岩沿走向及沿倾向逐渐尖灭，矿体也随之尖灭。白云岩厚度最大的地段，也是矿体最富的地段。白云岩具有较高的渗透性，有利于热液运移。张振贤等人（1988）的资料表明，大瑶山地区含矿岩系铅锌丰度值偏高，较高的铅锌含量对铅锌进一步活化、富集成矿无疑是有利的，说明了该区泥盆系是成矿元素的预富集层位。

### 5.2.1.4 岩浆侵入活动对成矿的控制作用

据广西壮族自治区地质矿产局第七地质队（1993）象州—武宣地区区调资料，测区内存在印支期、燕山期岩浆活动的热事件。代表性盘龙矿床成矿时期可能与印支—燕山期岩浆活动的热事件有关（罗永恩，2009），即成岩成矿作用均发生于华力西—印支期。在空间上，矿体一般产于白云岩的层间破碎带中。大瑶山地区各期成矿作用也与同期岩浆活动关系密切，岩浆活动对成矿的主要贡献是为成矿提供热来源，同时形成的热能场是驱使围岩成矿物质活化、运移、分配的重要因素。矿区内仅见小面积岩浆岩脉出露，但据航磁推测，在武宣县分布有古寨、九贺、东乡3个隐伏花岗岩体，埋深1000~1500m。其展布与成矿带展布基本一致，已发现矿床（点）在空间上与隐伏花岗岩体有一定联系。因此，岩浆活动在矿区成矿作用中起着提供热源和部分矿源的作用。因此，矿区隐伏岩浆岩带同时控制着内生矿产的空间分布。

### 5.2.1.5　围岩蚀变对成矿的控制作用

围岩蚀变总体上不强烈，主要的蚀变类型有黄铁矿化、硅化和白云石化，其次有重晶石化，局部还见有萤石化及方解石化。其中白云石化、硅化和黄铁矿化与成矿关系最为密切，总体表现为浅成中-低温热液蚀变特征。从矿体到围岩有一定的蚀变分带现象，表现为近矿部位白云石化、黄铁矿化较强，而远矿部位硅化、重晶石化较发育。蚀变作用形成的白云石、硅质、重晶石和黄铁矿常常共生在一起，只是其含量与矿物组成比例有所不同，它们与铅锌矿化关系密切。

### 5.2.1.6　矿床分布规律

#### A　成矿时间上的分布规律

矿床成岩成矿作用均发生于华力西—印支期，多数矿床模式年龄为329~452Ma，与容矿地层及基底岩系时代接近，即矿层形成于早泥盆世。矿床主形成于华力西期，个别矿床的矿石铅同位素年龄值为202Ma，相当于印支期（罗永恩，2009）。

#### B　成矿的空间分布规律

总体上NNE向通挽-东乡挤压断裂带控制了华力西中晚期基性-超基性和燕山晚期中酸性岩体的分布和成矿元素的活化运移及沉淀形成良好的地球化学环境，并参NNE向为主的矿带（化）在空间的分布奠定了基础。

矿床在空间上分布方向性十分明显，总体上呈NE向展布，受NNE向和NE向深大断裂控制；等距性亦明显，亚矿矿带中的矿床、矿化集中区之间距离一般为10~20km。

## 5.2.2　新造-乐梅成矿亚带成矿规律

新造-乐梅成矿亚带已发现铅锌矿床规模较小，多为小中型矿点，含矿层位有下泥盆统上伦白云岩、官桥白云岩、大乐组、中泥盆统东岗岭组。

### 5.2.2.1　构造对成矿的控制作用

#### A　区域构造对成矿的控制作用

华南板块南华活动带的来宾凹陷带与大瑶山隆起的交接部位，区域性大型断裂构造不仅控制了不同构造阶段的沉积建造或岩浆活动，同时对地质时期中凹陷与隆起的展布与演化起着一定的制约作用。深断裂的形成与发展常伴随强烈的构造运动，是成矿物质形成和富集的动力，是矿源和热源的传递通道，也是成矿物质富集沉淀的容矿空间。

B 断裂、裂隙对矿床、矿体的控制作用

矿区形成以 SN 向为主的断裂构造，主要表现在对先存的构造进行叠加改造作用，其结果造成矿化的再富集或对矿体破坏。

成矿过程如下：进入深循环系统的雨水，萃取盖层（主要是早泥盆世地层）及基底（寒武纪地层及太古宙地层）的 Pb、Zn、Ba 等矿质，与深源岩浆作用带来的矿质，形成中-低温含矿热液，沿着构造通道上升，运移至白云岩中的切层断裂及层间破碎带，在有利的物理、化学条件下形成沉淀，经多次充填、交代作用沉淀形成铅锌矿体。

a NE 向断裂构造的控岩控矿作用

成矿亚带位于东乡-永福深大断裂的西侧，该断裂切割了泥盆系，断层两侧岩层可见牵引褶皱，局部见有擦痕及滑面，断距 200～500m。沿断裂带有铅、锌、铜、重晶石等矿化现象，该断裂控制武宣-象州层控铅锌矿床的分布。

b NW 向断裂构造的控矿作用

派生的 NW 向断裂和 NNE 向桐木-东乡同沉积断裂构成的"Y"字形构造的拐结部位。"Y"字形同期构造不仅控制了 NNW 向妙皇台凹和边缘生物礁、滩带的展布，而且直接控制着成矿物质的聚集、矿源层的形成和矿化作用的发生和发展（张振贤等人，1989）。在后期构造作用影响下，矿化作用进一步深化，并使矿体发生改造、富集，如新造、妙皇等铅锌矿床。

**5.2.2.2 岩浆岩对成矿的控制作用**

大瑶山地区各期成矿作用也与同期岩浆活动密切，岩浆活动对成矿的主要贡献是为成矿提供热来源，同时岩浆活动形成的热能场是驱使围岩成矿物质活化、运移、分配的重要因素。测区内仅见小面积岩浆岩岩脉出露，但据航磁推测，在象州县分布有寺村隐伏花岗岩体，在武宣县分布有古寨、九贺、东乡三个隐伏花岗岩体，其展布与成矿带展布基本一致，已发现矿床（点）在空间上与隐伏花岗岩体有一定联系，说明岩浆活动对区内铅锌矿的成矿有重要影响。岩浆活动对成矿的另一作用是提供物源。其成矿流体部分来自岩浆，部分可能来自地下热卤水。因此，岩浆活动在测区成矿作用中起着提供热源和部分矿源的作用。因此，测区隐伏岩浆岩带，同时控制着内生矿产的空间分布。

**5.2.2.3 围岩对成矿的控矿作用**

测区主要赋矿层位为下泥盆统的大乐组白云岩（$D_1d$）等。大乐组白云岩（$D_1d$）控制矿区铅锌矿床的总体分布。

白云岩为铅锌矿主要的含矿岩性，有工业价值的铅锌矿床主要赋存于下泥盆统大乐组白云岩中。岩石组合是以白云岩为主的泥灰岩-生物屑灰岩-生物屑白云岩组合。铅锌富集程度往往与白云岩厚度呈正相关关系，在白云岩最厚的地段，常是矿床最富的地段。

#### 5.2.2.4 岩相、古地理控矿

古地理环境的差异构成了不同的沉积环境，形成了不同的沉积相。在各沉积相中，由于物质来源和水动力条件的不同，物理、化学条件及生物种类的不同，从而形成不同的岩石类型。因此古地理条件（环境）-沉积相-岩石组合构成相互关联的体系，各类沉积岩和成矿元素的沉积所形成的矿源层也都是这一体系的产物。岩相古地理对铅锌的预富集起着控制作用，为矿床的形成提供物质来源、储存场所和封闭条件。

碳酸盐台地相是成矿带最主要的控矿相带。沉积相模式以朋村式为代表，控制铅、锌、黄铁矿、铜及重晶石矿床。矿层赋存于白云岩、生物碎屑灰岩组合中，在垂向上为滨岸碎屑岩向碳酸盐岩过渡的局限台地相。

#### 5.2.2.5 围岩蚀变与矿化

近矿围岩主要为中-厚层状粉-粗晶白云岩，次为白云石化灰岩。围岩与矿体接触关系有渐变和突变接触两种类型。围岩蚀变总体不强烈，其分布范围大致位于矿体附近距离矿体 3~10m。围岩蚀变主要有重晶石化、白云石化、方解石化、硅化、方铅矿化、闪锌矿化、黄铜矿化、黄铁矿化、孔雀石化。其中重晶石化、白云石化与矿化关系密切。

### 5.2.3 桐木-寺村成矿亚带成矿规律

桐木-寺村成矿亚带位于来宾凹陷带与大瑶山隆起交汇带，为大瑶山西侧铜铅锌成矿带中北段。桐木-寺村成矿亚带受桐木-永福深断裂带控制，该断裂带对岩相、沉积建造控制明显。桐木-寺村成矿亚带上含矿层位较高，为下泥盆统官桥白云岩、大乐组、四排组，中泥盆统东岗岭组，已发现铅锌矿床规模比新造-乐梅成矿亚带小，重晶石矿床则较大，以重晶石和铜矿床（点）为主。寺村—桐木一带，断裂旁侧有大量的铜铅锌多金属矿产出，是重要的控矿构造。

### 5.2.4 矿化富集规律

（1）矿床的空间分布明显受地层控制，赋矿的地层主要为下泥盆统郁江组（$D_1y$）、上伦白云岩（$D_1sl$）、官桥白云岩（$D_1g$）等。

（2）矿床位于大瑶山隆起区西侧的台盆边缘，矿床总体展布受 NE 向凭祥-大黎深大断裂带或 NNE 向龙胜-永福断裂带控制，其为同生沉积改造的似层状铅锌矿或热液脉状矿体。

　　（3）矿体受通过的下泥盆统郁江组（$D_1y$）、上伦白云岩（$D_1sl$）、二塘组（$D_1e$）和官桥白云岩（$D_1g$）等地层的 NNE 向断裂或上伦白云岩（$D_1sl$）和官桥白云岩（$D_1g$）NE 向层间挤压破碎带控制，层间挤压破碎带膨胀部位矿体厚度变大，收缩部位矿体厚度则薄。

　　（4）矿区内在矿种上出现 Pb、Zn、重晶石、黄铁矿共存，矿床类型上同生沉积与后生的热液叠加改造的现象。

　　（5）矿石中 Pb、Zn 含量高低与蚀变强弱，岩石破碎程度有很大关系。蚀变强，岩石破碎程度高，矿石品位高，反之则贫。

### 5.2.5　成矿模式

　　综合前人地质成果分析，测区铅锌矿床成矿机制为：矿床的成矿物质（Pb、Zn、S）主要来源成矿元素初步预富集地层（矿源层）；成矿流体介质水为大气降水，成矿热液是大气降水渗入地下，通过深部循环对流萃取成矿物质，从而形成含矿地下热卤水；成矿热源主要是来自地壳深部由地热增温形成的地热异常体或花岗质类的岩浆或热的岩浆岩体；成矿作用有赖于大断裂活动机制，主要有渗滤（交代）、充填（交代）和渗滤-充填混合就位方式（见图 5-1）。

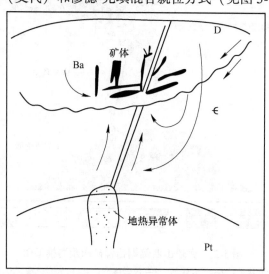

图 5-1　广西大瑶山西侧层控型铅锌矿床成矿模式
（据广西地质矿产勘查开发局，2001）

### 5.2.6 矿床的预测要素及预测模式分析

　　大瑶山西侧铜铅锌矿床赋存于泥盆系莲花山组、郁江组及上伦白云岩、二塘组等地层的挤压破碎带或 NW 向及近 SN 向裂隙带中，成矿时代为海西—印支期，主要集中于泥盆纪，矿床成因与构造、地层有关。其成矿要素必要的有：陆源碎屑岩、碳酸岩、断裂构造破碎带等。此外，成矿期、区域构造背景、矿化及蚀变组合为成矿的重要因素。预测要素除上述必要要素外，化探 Pb、Zn、Cu、Ag、Ba 元素组合异常是预测的重要因素。根据预测要素提取泥盆系莲花山砂岩、郁江组砂质岩、上伦组白云岩等，以及断层及化探的 Pb、Zn、Cu 异常等信息，建立中低温岩浆热液型铜铅锌矿床区域预测模型（见图 5-2）。

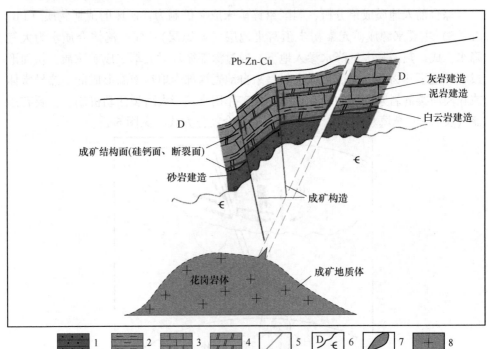

图 5-2　大瑶山西侧铜铅锌矿床预测模型图

1—砂岩建造；2—泥岩建造；3—灰岩建造；4—白云岩建造；5—断裂；
6—泥盆系╱寒武系；7—铜铅锌矿体；8—花岗岩体

# 6 大瑶山西侧中段勘查技术方法

## 6.1 地质填图法

地质填图法是运用地质理论和有关方法，全面系统地进行综合性的地质矿产调查和研究，查明工作区内的地层、岩石、构造与矿产的基本地质特征，研究成矿规律和各种找矿信息进行找矿（李新民，2021），它是最基本的找矿方法。对于基岩出露良好地区，根据不同工作阶段采用不同比例尺地质填图，以便达到预期目的。对已有符合精度要求的大比例尺地质填图资料的地区，可以编为主，编测结合。地质填图质量情况直接关系到找矿效果。

矿区主要是填出 NE 向、NW 向、近 SN 向构造和下泥盆统郁江组、上伦白云岩、二塘组、官桥白云岩等地层，就有可能找到矿，或圈定"铁帽"和堆积重晶石等范围，均能找到矿。

## 6.2 地球化学找矿法

地球化学找矿法（又称地球化学勘查法，简称化探），是以地球化学理论为指导，以地球化学分散晕（流）为主要研究对象，通过对有关介质的取样，有效分析的方法、手段，系统测量天然物质中的指示元素的含量及其分布特征，研究其迁移与变化规律，以达到发现矿床或矿体的目的。化探测量方法主要有 5 种：（1）岩石地球化学测量；（2）土壤地球化学测量；（3）水系沉积物地球化学测量；（4）水地球化学测量；（5）植物地球化学测量。测区主要为喀斯特景观区，主要采用前 3 种测量方法。

（1）岩石地球化学测量。在工程较多或工作程度较高的区域或露头良好矿点，以寻找含矿地质体、评价次生晕异常及构造含矿性的调查等，采用岩石地球化学测量效果较好。

（2）土壤地球化学测量。在地形不甚陡峻，且为残积或残坡积物覆盖的区域，利用矿体或矿化带经风化作用形成的次生地球化学异常来寻找远景地段、圈定矿化范围，直接寻找和圈定近地表矿体范围，采用土壤地球化学测量十分有效。

（3）水系沉积物地球化学测量。

1) 1：5万地球化学测量。

①1：5万地球化学测量是矿产勘查中不可缺少的一个重要工作阶段，它的主要目的是查明成矿有利地段和找矿有关的地球化学特征，快速圈定找矿靶区。由于其找矿目标比较明确，工作范围较小，不一定像1：20万区域化探那样在较大区域内强调方法技术统一，可以根据工作地区的景观条件和主攻矿床特点有针对性地采用相应的工作方法。

②水系发育的中山、低山、丘陵耕作区，1：5万地球化学测量采用水系沉积物测量为主、沟谷沉积物测量为辅的工作方法。为了消除有机碳的干扰，水系沉积物测量采样中需使用漂洗采样法采集水系沉积物样品。根据耕作区条件、采样介质粒级分布和主攻矿种类型选择样品加工粒度：中山、低山、丘陵区宜采用-20目（-0.85mm）、-40目（-0.425mm）等粒级样品，沟谷沉积物测量宜采用-20目（-0.85mm）、-40目（-0.425mm）、-60目（-0.25mm）粒级。平均采样密度每平方千米4点至5点。

③水系不发育的丘陵耕作区1：5万地球化学测量采用沟谷沉积物测量为主、土壤测量为辅的工作方法。沟谷沉积物测量应结合具体耕作区条件，选择筛取-20目（-0.85mm）或-40目（-0.425mm）或-60目（-0.25mm）粒级。平均采样密度每平方千米5~8点。

④水系-沟谷不发育的低缓丘陵或森林区1：5万地球化学测量采用以土壤测量为主、沟谷沉积物测量为辅的工作方法。土壤-岩屑测量采集C层顶部（或B层）土壤样品，选择-60目（-0.25mm）或-20目（-0.85mm）粒级样品。平均采样密度每平方千米8点。

⑤在地形起伏较大的山区，渗湿土测量在中比例尺化探异常追踪阶段可以发挥一定的作用，辅助圈定出有找矿远景的地段。

2) 大比例尺地球化学测量。

①大比例尺地球化学测量的目的是查明异常与矿体的空间关系，为山地工程提供依据。土壤测量是旱地耕作区大比例尺地球化学测量的一种基本工作方法，由于旱地耕作区B层土壤不发育，土壤-岩屑测量主要采集C层顶部样品，选择-40目（-0.425mm）、-60目（-0.25mm）粒级样品。在沉积物发育地区采集-60目（-0.25mm）样品有助于发现覆盖层以下的掩埋矿信息。

②厚层覆盖地区，元素活动态测量可以作为辅助性工作方法，植物测量结果在部分地区具有一定参考价值。

3) 勘探地电化学方法。

勘探地电化学方法是建立在检测各种赋存状态的元素的基础上，自勘探地球化学开始应用之日就被应用，因各种原因不被重视，没有被广泛应用。随着高灵敏度分析方法的发展和有关叠加晕形成方面的理论、实践的论文的发表，地电化学方法越来越受到人们的重视。实践证明，地电化学方法能检测到迁移至距离矿体几百米甚至数千米的地表的金属元素，不受岩石影响。

4）异常查证评价方法与程序。

异常查证是地球化学勘查中的一项重要工作，是在包括1:20万或1:5万异常圈定后，对异常开展踏勘检查、详细检查和工程验证，直到发现矿产地或者异常被否定的全过程。

①异常的确定：异常高值点（原位点）使用漂洗法重新采样，确定异常的存在。其中，包括原采样点布点位置合理性的检查、采样方法和采样介质的检查、样品分析可靠性的检查。

②异常范围和异常特征的确定：在异常区内运用水系沉积物测量、沟谷沉积物测量、渗湿土测量、土壤测量等方法进行加密采样（1:5万异常加密到每平方千米4点至5点）。进一步圈定异常范围，研究异常浓集趋势、含量变化梯度、元素组合、元素相关性、元素分带性等特征。

③异常区成矿地质条件研究：追踪异常源，研究异常区成矿地质条件，填制1:5万地质简图。采集蚀变矿化岩石露头或转石进行磨片鉴定和测试分析。在异常区进行重砂测量有助于查明异常源，了解异常源地质体的性质、矿化类型和蚀变矿化特征。

④通过异常区布设数条地质-地球化学剖面，研究异常源的地质-地球化学特征。

⑤根据以上资料对异常进行初步评价，确定是矿致异常还是非矿致异常。一般来说，矿致异常具有以下特征：

ⅰ. 主成矿元素异常有一定规模，浓度分带清晰，具有明显的浓集中心。

ⅱ. 异常成矿地质条件、围岩蚀变、元素组合和分布形式与典型矿床模式有一定相似性，元素相关性好，各种元素异常在空间分布上具有一定规律（如套合分布、同心环状分布、侧向分布、环形分布等）。

ⅲ. 通过加密采样，往往可以发现高含量异常点，随着化探工作比例尺增大，异常含量有明显的增高趋势。

ⅳ. 对高含量异常样品进行痕量态分析有助于对异常进行定性评价，若成晕主元素有效相态形式（如铅、锌、铜、银主要为硫化物相、氧化物相）占有较大比例，则异常可能为矿体引起。

⑥对于推断是否由矿体引起的异常进行大比例尺矿体定位预测，为工程揭露提供依据。定位预测的具体方法如下：

ⅰ. 根据异常分布情况和异常区景观特征，运用剖面法、正规测网法、均匀网点法、沟系测量法等方法开展大比例尺土壤测量，测网密度为每平方千米40~200点，详细圈定异常范围和异常细节，研究成矿富集部位。

ⅱ. 开展与土壤测量同比例尺的高精度磁法、激电中梯（或其他电磁测量方法）等有效地球物理方法测量，确定磁性体和良导体的赋存部位。

ⅲ. 通过地质测量，研究异常区成矿地质条件，结合物探、化探提供的信息，布置工程验证。

# 6.3 地球物理探矿方法

地球物理探矿方法（简称物探）是用物理学的理论和方法，以地下物质（岩石或矿体）的物理性质差异引起的某些物理现象为研究对象，通过对各种物理场特征的分析、研究，推断和解释地质构造及矿产分布情况，为地质矿产勘查提供有益的地球物理信息，实现发现矿床（体）目的。

高密度电法目的是在已发现的矿化点调查了解矿化体的分布范围、走向、倾向，同时配合地质填图了解断裂在浅部的具体位置；激发极化法主要目的是了解断裂及中浅部极化体的大致位置和产状特征；可控源音频大地电磁测深主要目的是解释断层，了解深部电性特征，寻找成矿有利部位，指导深部找矿工作；激电测井的主要目的是根据岩矿石分层统计各层电阻率和极化率，了解钻孔旁侧及孔底矿致异常。

## 6.3.1 高密度电法测量

### 6.3.1.1 使用仪器

电法使用国内较先进的 SQ-3B 双频激电仪，它具有轻便、快速、受电流变化影响小、抗干扰力强等特点。

### 6.3.1.2 方法试验

此次勘探的参数经试验选择如下：

电极距 $a=4m$，最小隔离系数 $n=1$，最大隔离系数 $n=16$，供电时间 1s。

仪器自检指标合格，接地电阻小于 $100k\Omega$，测量电位差大于 10mV，对突变点进行重复观测。

此次质量检查工作量为 5%，均方相对误差为 3.72%。满足相应规程的要求，曲线形态基本一致，外业观测质量合格。

### 6.3.1.3 试验示范效果

高密度电法参数：电极距 $a=4m$，最小隔离系数 $n=1$，最大隔离系数 $n=16$，最大供电电压 400V，供电时间 1s。高密度电法剖面显示：高阻异常值为 1000~2000$\Omega \cdot m$，低阻异常值为 0~200$\Omega \cdot m$，妙皇矿区地层电性变化较大。地表强烈硅化地段呈现为高阻，据此确定断裂 $F_1$ 的位置。根据区内的地质特点及物性特征，灰岩、白云质灰岩、白云岩等为高阻体，将区内大部分地段的高阻解释为上述岩石，低阻异常解释为呈低阻的页岩、泥岩等，上伦白云岩地层中高阻异常之间的低阻解释为炭质泥岩夹层，异常基本与浅部二塘组和上伦组地层岩性对应。断裂的位置即铜矿化脉地段，高密度剖面上表现为中阻异常，断裂特征不明显，但在激电测量中出现高极化异常特征，可解释为矿化体。

### 6.3.2 激发极化法（IP）测量

#### 6.3.2.1 使用仪器及性能要求

此次激电测量仪器采用 DJS-9 数字直流激电仪，供电方式为双向短脉冲。

#### 6.3.2.2 野外工作

测量极距 MN 及供电极距 AB 通过现场试验选择。观测范围限于装置的中部 2/3AB 范围内。当测线长度大于 2/3AB 长度，需移动 AB 电极完成整条测线的观测时，在相邻观测段间至少有两个重复观测点。本次测量通过试验取 $AB = 1200m$，即允许观测长度 800m，MN40m，点距 40m。正反向供电时间 6s，断电延时 200ms。

激电测深采用不等比对称四极测深装置，根据勘查任务、测区地质、地球物理特征及异常，确定 AB 距布置方位。一般为 $AB/2 = 5.0$、7.5、10、15、22、33、50、75、100、150、220、330、500m，$MN/2 = 1.0$、5.0、20m，当更换 $MN/2$ 时，至少应有两个接头点。二次场 $\Delta U_2$ 一般要求大于 0.3mV。

野外开工前，对仪器和其他技术装备进行全面的系统检查、调试和标定。每日开工、收工均进行仪器检查和绝缘检查，供电线绝缘不小于 $2M\Omega/km$、测量线绝缘不小于 $5M\Omega/km$，不极化电极极差小于 2.0mV。对畸变点、异常点进行多次读数。

#### 6.3.2.3 质量检查及评述

野外测点质量检查按《时间域激发极化法技术规定》（DZ/T 0070—2016）进行，检查率不小于 10.0%。系统检查观测结果，再计算视极化率、视电阻率均方相对误差：

系统质量检查由野外作业小组互检，随野外施工开展逐步进行，检查工作在时间和空间上基本均匀分布。检查方法为利用检查点已有坐标值（GPS 第一次记录的点位）导航该点，在测点标识处做检查。全区扫面完成激电测量物理点 516 个，野外重复观测 145 个点（含异常段检查），重复观测率 20.3%。测点均方相对误差±2.22%，符合《时间域激发极化法技术规定》（DZ/T 0070—2016）。

#### 6.3.2.4 试验示范效果

A 盘龙矿区

经激电中梯扫面，圈定的激电异常带异常强度较大，异常值变化范围为 2.0% ~ 4.0%，背景值为 1.2%，异常边界为 1.75%。共圈定两组走向为 70°的

$D\eta_1$、$D\eta_2$ 异常带，$D\eta_1$ 异常由 $D\eta_{1-1}$、$D\eta_{1-2}$ 组成，异常下限为 1.75%，最大值为 3.0%，异常带长度为 530m，宽度约 55m，并向北东端延伸趋势。$D\eta_2$ 异常带与 $D\eta_1$ 异常带平行展布，规模较小，该异常下限为 1.75%，最大值为 2.0%，异常长度为 700m，宽度较窄小，约 25m。$D\eta_3$ 异常带规模较大，连续性好，走向 70°，异常值较高，最大值达 3.75%，异常带长度 700m，宽约 100m，异常在东西两端未封闭，有向两端延伸趋势。

根据中梯圈定的激电异常带展布范围、走向及已知钻孔控制的矿体，结合测深剖面推断的极化体产状、埋深、投影地面获得两组走向 70° 平行展布含矿带，认为该两组含矿带连续性好，有一定的规模，并与圈定激电异常带吻合。

从已知钻孔控制矿体的深度、产状、形状及激电测深研究推断结果，该测区极化体均以顺层（近于直立产状）多呈复合薄板、脉状或透镜体产出，顶部埋深大致为 50~80m、132~170m。

B 妙皇矿区

激发极化为大功率激电，采用激电中梯、激电测深两种方法。中梯装置采用 1 线供电 3 线观测，网度为 200m×40m，$AB=1200$m，$MN=40$m，点距 $=40$m，正反向供电时间为 6s，断电延时 200ms。激电测深采用不等比对称四极测深装置，最大 $AB/2=750$m，供电参数与中梯一致。激电中梯测量共圈定异常八处。视电阻率平面图上可见三处低阻异常带，异常特征明显。推断 $F_2$ 断裂方向总体为 NNW 向，$F_3$ 断裂 SN 向；延伸较远，长达几千米，断裂南北两端发现温热水，此断裂延伸短，南部与合并 $F_3$、$F_1$ 断裂延伸较远穿出测区。推断成果与区内 $F_1$、$F_2$、$F_3$ 断裂位置相对应。视极化率平面图显示，激电异常处于断裂构造的倾向上，在花蓬村 $F_1$ 断裂已发现铜矿体，是一条控矿断裂，而 $F_2$、$F_3$ 断裂为次一级断裂，$F_2$ 断裂亦已发现铜矿化脉，这 3 条断裂控制着区内矿产的形成，非常具有找矿意义。地面异常检查发现多处激电异常由矿或矿化引起。已知矿体上可产生明显的激电异常，推断激电异常位于成矿的有利部位，异常主要与浅部的电子导体关系密切，这些电子导体主要有黄铁矿、黄铜矿化、炭质（石墨化）等。虽然激电异常反映的是浅部物质，但通过与现有钻探成果比对，发现见矿（矿化）地段与激电异常存在一定的对应关系，异常地段见矿（矿化）概率高，说明浅部的电子导体是深部矿体的反映，但异常强度与矿体大小不成正比。由于浅部干扰因素的存在，中深部异常往往以中极化率的形式存在。视极化率平面等值线图对钻孔平面布设具有指导作用。根据视电阻率（$\rho_s$）及视极化率（$\eta_s$）曲线，在 L225 线 4800~5200 点之间进行激电测深。

由激电测深断面可见：断面图上极化率呈倾斜条带状，$AB/2$ 自 25m 至 750m，异常均存在，往深部异常有变大的趋势；视电阻率以宽缓低阻异常为主。地表见有黄铜矿化、黄铁矿化，附近钻孔 ZK227-2 钻至 70m 左右见黄铜矿，推测为矿化引起低阻异常，局部硅化或方解石脉引起高阻异常。极化率异常由浅部向深部延伸，不见底，与深部关系密切，进一步反映浅部的电子导体是由深部沿断裂和层间裂隙向上迁移至浅表一定位置赋存，因此电测深异常地段存在深部找矿的可能。

### 6.3.3 可控源音频大地电磁法 CSAMT 测量

6.3.3.1 使用仪器及性能要求

A 仪器设备

可控源音频大地电磁法（CSAMT）使用仪器为 V8 网络化多功能电法仪。V8-6R 主机编号：SN2651。采集辅助站 RXU-3E 编号 SN2564。RXU-TMR 编号 SN2650。主要由主机、TXU30 发射机、大功率发电机、GPS 卫星接收机、AMTC-30 磁探头等组成。

V8 网络化多功能电法仪主要技术参数为：频率范围：10000Hz 到 0.00005Hz（20000s）；分辨率：每道一个 A/D 转换器，24bits，96000samples/s（主道）；16~24bits，超过 5MHz 的采样率（TDEM 道）；电源输入电压：12VDC；功耗：最大 15W；数据存储：标定文件和观测数据文件保存在 512MB 可插拔式工业 CF 卡上。CF 卡内的数据可以传送到 PC 上。

B 仪器标定

CSAMT 正式生产前，V8 主机及各单元使用多频自标定和探头标定模式。标定结果文件包含所有可用频率范围的标定值。

标定结果说明：该仪器使用正常，通道一致性好。

综上所述，投入的仪器性能优良，可满足此次项目研究的要求。

C 工作装置

此次施工采取标量 CSAMT 测量方式（即测量 $X$ 方向的电场和 $Y$ 方向的磁场）；频点按加密（按开方 2）测量；接收机可利用通道 6 个，其中 5 个通道测量 $X$ 方向的电场、1 个通道测量 $Y$ 方向的磁场；根据公式计算出卡尼亚电阻率，最后分测线进行带地形的二维反演，作出物探剖面成果图，分层平面图和地质解释图。

D 工作参数

通过多次现场试验，确定了野外工作参数如下：

发射频率：1~9600Hz；

发射电流：4~15A；

供电偶极子 $AB$：1916m；

收发距 $R$：10km；

测点距：40m。

E 质量检查及评述

CSAMT 检查点在同一坐标位置、相同场源、相同仪器、不同日期进行。此次 CSAMT 完成测点 61 个，检查点 10 个，检查率 6.1%，视电阻率均方相对误差≤±5%。质检结果表明：该项目工作精度达到规范、设计要求。

### 6.3.3.2 方法试验

盘龙矿区：此次研究工作使用 GDP-32 多功能电法仪，采用 CSAMT 赤道偶极装置、标量测量。具体工作布置为：W24 线位于盘古村 NE 向约 400m，穿越水稻田、缓坡丘陵；测线长度为 800m，测点距为 50m，接收极矩 $MN$ 为 50m，研究深度为 600m；试验测点记录段为其中的 241625～242175（对应图 6-1 中的 0～800m），计数间隔 50，共 16 个测点；发射频率采用加密频点，共计 23 个频点（4～8192Hz），供电极距 $AB$ 长度为 1200m，最大供电电流为 10A，每一频点重复观测 2～3 次；低频段（4～1441Hz）叠加次数为 128～2048 次，高频段（1441～8192Hz）叠加次数为 2048～16384 次；分别在测线的北东和南西两侧平行布设 A1B1 和 A2B2 供电电偶极子，收发距分别为 6000m 和 4000m。

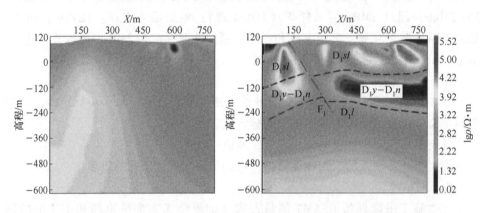

图 6-1 W24 线不同场源观测数据二维反演断面等值线图
（据莫亚军等人，2021）

供电试验参数：测点距为 50m，记录段为 241625～242175$MN$，极距为 50m，发射偶极长度为 1200m，采集频率范围为 4～8192Hz，最大供电电流为 10A，高频段叠加次数为 2048～16384 次，低频段叠加次数为 2128～2048 次，供电电极序号为 A1B1、A2B2，收发距为 6000m、4000m。

从地质概况与物性特征可知，测区内 W24 测线段经过之处，地表主要出露相对高阻的下泥盆统上伦组深灰色白云岩、白云质灰岩；下伏为下泥盆统郁江组褐黄色泥岩、那高岭组浅灰绿色细砂岩，以及莲花山组的紫红色砂岩等相对低、中阻地层，并且区域断裂构造 F₂ 从测段约 130m 附近穿过；可见 A2B2 得到的反演结果相对 A1B1 而言，更符合研究区的基本地质特征。

（1）此次试验的测区及周边地质条件多变，地质构造较为复杂，局部地区地层缺失，且有 3 条具有一定规模的区域次级断裂构造从区内及周边穿过，这些因素对 CSAMT 测量工作均产生了一定的影响。

（2）通过两次不同收发距的试验结果表明，供电电偶极子布设在测线北东侧、收发距为 4000m 的 A2B2，与布设在南西侧、收发距为 6000m 的 A1B1 相较而言，接收到的信号更强、更稳定，信噪比更高，数据离差更小。

（3）在矿区内虽然收发距布设较远时，能够接收稍多一些的远区频点数据，但由于大收发据引入了更多的噪声，无法接收到稳定而强度足够的人工源信号。

（4）经过后期近场校正等数据处理后，断面整体呈现左高右低的视电阻率特征，对地下各层的地电信息反映并不明显；而中对地表至 -400m 深度范围的电性分层反映则更符合该地区地质规律。因此，在该地区工作选择 4km 的收发距能够有效压制噪声干扰，采集到信噪比较高的人工源信号。

总而言之，此次矿区对供电场源的探讨为区今后的 CSAMT 工作中对于场源的选取提供了借鉴。在矿区地质情况复杂、背景噪声较强及场源效应影响严重的情况下，收发距不宜选择过大，确保在目标勘探深度中尽可能采集到足够强的人工源有效信号即可。后期再通过近场校正等处理手段，对低频段的数据进行校正，从而获得更符合测区地质规律的物探成果。

### 6.3.3.3 试验示范效果

#### A 盘龙矿区

在激电异常的基础上进行 CSAMT 剖面测量。此次研究工作是以物探 W24 线为基础，进行 CSAMT 法的电场源供电试验研究，探索供电装置与场源效应之间的关系，以确定矿区最优工作方式。经收集整理前人资料及进行岩（矿）石标本测定统计结果显示，矿区内白云岩、灰岩、泥质灰岩视电阻率范围为 $432 \sim 6000 \Omega \cdot m$；黏土层视电阻率平均为 $659 \Omega \cdot m$；铁锰堆积层视电阻率平均为 $734 \Omega \cdot m$；重晶石视电阻率平均为 $7600 \Omega \cdot m$；铅锌矿、铅锌矿化白云岩视电阻率分别为 $412 \Omega \cdot m$、$607 \Omega \cdot m$。由此可见，区内铅锌矿、铅锌矿化白云岩表现为高极化率、中低电阻率，围岩表现为低极化率、高电阻率的特征（见表 6-1）。

表 6-1 测区电物性参数统计表

| 岩矿石名称 | 视极化率 $\eta_s$/% | | 视电阻率 $\rho_s$/$\Omega \cdot m$ | | 备注 |
| --- | --- | --- | --- | --- | --- |
| | 变化范围 | 平均值 | 变化范围 | 平均值 | |
| 重晶石 | 3.00~5.00 | 4.00 | 5400~8700 | 7600 | 物性资料 |
| 白云岩 | 0.80~1.20 | 1.00 | 3500~4000 | 3750 | 物性资料 |

| 岩矿石名称 | 视极化率 $\eta_s$ /% | | 视电阻率 $\rho_s$ /Ω · m | | 备注 |
| --- | --- | --- | --- | --- | --- |
| | 变化范围 | 平均值 | 变化范围 | 平均值 | |
| 泥质灰岩 | 1.00~1.50 | 1.25 | 1880~3270 | 2870 | 物性资料 |
| 炭质灰岩 | 3.00~7.00 | 5.00 | 800~1000 | 900 | 物性资料 |
| 灰岩 | 0.70~1.00 | 0.85 | 5000~6000 | 5500 | 物性资料 |
| 白云岩 | 0.47~2.00 | 1.30 | 432~1607 | 957 | 标本测定 |
| 铅锌矿化白云岩 | 5.71~11.21 | 7.74 | 469~746 | 607 | 标本测定 |
| 铅锌矿 | 15.44~25.68 | 19.86 | 230~555 | 412 | 标本测定 |
| 第四系黏土 | 1.00~153 | 1.10 | 531~1022 | 659 | 对称小四极实测 |
| 铁锰堆积表层 | 2.10~3.80 | 2.86 | 623~875 | 734 | 对称小四极实测 |

注：据莫亚军等人，2021。

B 妙皇矿区

在激电异常的基础上进行 CSAMT 剖面测量。沿东西向布设 2 条剖面线，其中 $AB$ = 1916m，$MN$ = 40m，收发 $R$ = 10km，4A ≤ $I$ ≤ 15A，1Hz ≤ $f$ ≤ 9600Hz，设计 41 个频点。以 L227 线为例，结合电测深断面，CSAMT 剖面、地质剖面及钻探成果绘制成综合剖面图。由综合剖面图分析，卡尼亚视电阻率断面上反映 3 层特征：（1）浅部区（标高 0~200m）出现较连续的低阻异常，反映了浅部信息，推测为第四系、风化层及灰岩与炭质泥岩互层引起。（2）中部区（标高 0~-800m）呈现高阻特征，出现 2 处低阻异常区，分别在点号 4950~5200 和 5600~5700 之间。其中 5050 号点标高 -200m 处出现柱状低阻异常带，推测为断层 $F_2$ 的反映，倾向 SE，为深部找矿有利部位，施工钻孔 ZK22701，终孔孔深 846.50m，在孔深 519.85~525.80m（标高 -213.29~-219.24m）处见第一层铅锌矿；669.10~680.40m（标高 -462.54~-473.84m）处见第二层铅锌矿，794.40~822.10m（标高 -587.84~-615.54m）处见第三层铅锌矿，与已控制的那宜矿体吻合。在点号 5600~5700 之间出现一宽度大于 200m、深部标高在 -400m 以下的异常，推测为 $F_3$ 断层，其类型与 $F_2$ 相似，为深部找矿的有利部位。（3）深部区（标高 -800~-2000m）显示为中阻区，有 2 条明显的低阻异常带，推测为 $F_2$ 与 $F_3$ 交汇及 $F_1$ 外延位置，在高阻异常与中阻异常的分界位置，结合区内的地质特征，推测为 $F_2$ 断裂的位置。CSAMT 断面图反映了深部构造在剖面上的分布特征，从剖面图来看，解释的断裂构造与实际基本一致，结合地质分析可预测剖面上矿体的大致赋存位置、深度等。另一方面，从剖面可知，已有勘探孔

揭露的构造主要是 $F_2$ 断裂，$F_3$ 及 $F_3$ 与 $F_2$ 断裂的交汇异常部位（深部）尚未有钻孔控制，是下一步找矿的重点方向。

利用激电中梯和 CSAMT 测量成果分析，推断断裂构造附近的高阻区中的相对低阻异常为找矿有利地段。据此推测区内深部存在找矿靶区，在 3 处激电异常处各设计 1 个验证孔，钻孔均见矿。根据后期钻探结果与物探异常对应关系统计，$IP_1$ 共布设钻孔 30 个，见矿钻孔 25 个，见矿率为 83.3%；$IP_2$ 布设钻孔 6 个，见矿钻孔 5 个，见矿率 83.3%；$IP_3$ 布设钻孔 5 个，见矿钻孔 5 个，见矿率 100%。

### 6.3.4 激电测井

妙皇矿区：激电测井孔共 3 个，采用底部梯度电极系和电位电极系，观测参数为自然电位、电阻率、极化率，测量极距为 90cm，点距为 5m，供电时间与地面测量一致。根据钻探资料及测井数据，将区内地层划分为灰岩、泥岩、砂岩、构造破碎带、矿化体、矿段。从 ZK21703 测井曲线分析，图 6-2 中矿层与异常基本对应，矿段部分 487.10~497.85m 和 515.69~521.45m 对应明显的低阻高极化异常，矿化 497.85~515.69m 对应中阻中极化，其余矿化对应高阻高极化。可见，低阻异常段反映矿段，相对高极化率段结合岩芯可判定矿化段。

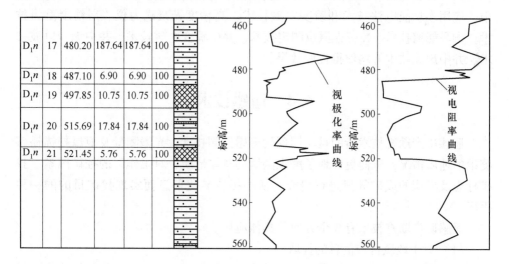

图 6-2  ZK21703 测井曲线（局部）

（据刘星等人，2018）

### 6.3.5 取得成果

通过激电扫面圈定了 8 个异常，大部分处于断裂构造的倾向上，特别是 $F_1$

断裂在花蓬矿段已发现铜矿体，是一条控矿断裂，而 $F_2$、$F_3$ 断裂为其次一级断裂，$F_2$ 断裂在中深部发现铅锌银矿体，$F_3$ 断裂在中深部发现铜矿体，因此，这 3 条断裂对构造找矿非常有意义。虽然激电的勘探深度较小，但通过与现有的钻探成果进行比对，发现矿（矿化）地段与激电异常有一定的对应关系，异常地段见矿（矿化）概率高，对钻孔布置有指导作用。

发现 3 条低阻异常带，与区内 $F_1$、$F_2$、$F_3$ 断裂关系密切，电阻率异常主要对应区内的断裂构造。通过激电测深发现极化率异常向深部延伸，底部未封闭，推测与深部矿化有关，存在深部找矿的可能。

通过 CSAMT，较好地反映了深部构造的产状，结合地质分析可预测剖面上矿体的赋存位置，大致深度等，对深部找矿有较好的指导意义。

由于妙皇矿区为隐伏矿体，因此物探发挥了重要的指导作用。

在成矿远景区开展 1∶1 万或更大比例尺的航空物探详查工作，能够迅速地发现和找到矿体。俄罗斯实践证明：1∶1 万比例尺的航空物探测量能够取代 1∶2.5 万比例尺的地面物探工作。在取得同样地质效果的条件下，航空方法受到优先选择。可以预言，航空方法今后将会逐渐占领部分地面物探市场，同时也会带来物探方法的一系列变革。航空物探测量是寻找金属矿床的一种有效手段，在间接寻找贵金属、非金属矿床方面也取得了明显的效果。在矿产资源潜力调查中，应用多功能电法技术和瞬变电磁技术、高精度光泵磁力仪、高精度重力技术、伽马能谱技术、X 荧光原位测定技术、井中瞬变电磁技术、井中无线电波技术、井中声波技术等均取得良好效果。

# 6.4  遥感技术

遥感矿产勘查技术指的是应用现代遥感检测技术，光谱测量及卫星扫描遥感测地的地质情况，进而更好地了解观测地的具体地质，对工作区的控矿因素、找矿标志及矿床的成矿规律进行研究，从中提取矿化信息而实现找矿目的的一种手段。

遥感矿产勘查技术有 3 个方面的具体应用。

（1）对于地质构造信息的提取。

矿区铜铅锌矿等内生矿产处于地质构造的异常部位与边缘部位，板块构造不同体的结合部位，这些信息都可以用遥感矿产勘查技术进行检测，在遥感器航拍的空间信息可以清楚地检测到板块构造边界地带的矿床。在利用遥感技术提取地质标志信息时，一般选择与检测区域具有成矿概率的线状、带状影像，同时在获取地质构造信息的过程中，对断裂与推覆体这一主要控矿构造模块进行集中处理。

在利用电磁与光谱技术扫描地质信息的过程中，由于外部因素与内部因素多方面的影响，图像成像的部分地质纹理信息与地质线性形迹难以清晰显示。对地质构造信息的"模糊作用"可以合理利用专家目视解译或人机交互等科学方法对图像进行处理，利用科学的计算机成像恢复技术或目视比值分析等有效措施，突出重点地质构造信息。在地质构造信息提取的过程中，遥感矿产勘查技术利用地表岩性特征、地质地貌特征等数据对地质构造隐性信息加以提取。

（2）利用岩矿光谱技术进行识别。

岩矿光谱技术是遥感矿产勘查技术的理论基础，适用于多光谱技术与高光谱技术，通过对多光谱蚀变信息的提取，对地质进行岩性识别与高光谱矿物识别。由于多光谱技术的光谱分辨率较低，岩矿的光谱特征表现力软弱，因此岩矿光谱技术主要基于图像线性信息与图像灰度特征，对岩矿的反射率差异进行分析。高光谱技术可以获取连续光谱信息，直观地识别地质类型，这是区别于多光谱技术有效地识别岩矿类型，识别与成矿作用有直接关系的矿物蚀变信息，对蚀变强度进行定量，为地质勘探工作提供技术支持。

（3）利用植被波谱特征进行找矿。

矿产资源受到地下水微生物等外部因素的影响，可能使蕴藏的金属资源或矿产资源产生化学反应，使地表层产生一定程度上的结构变化，影响土壤层的成分组成。地表植物对矿产资源存在着不同程度的聚集度与吸收度，使得地表植被的繁盛光谱特征产生不同的差异。基于这一特征，遥感矿产勘查技术可以根据提取到的植被光谱异常信息进行分析，将植被光谱的异常色调进行有效地分离与提取，根据异常植被光谱对该地区是否存在矿产进行合理判定，提高找矿靶区勘查工作的准确性，指导相关矿产勘查工作的开展。针对植被对金属含量呈现的差异性，相关部门可以在既定矿区详细地收集植被样品的光谱特征，通过图像处理技术重点分析较为特殊的植被光谱。在光谱分析过程中，明确波谱测试技术灵敏度的有限性，对植被微弱的金属含量信息进行深入地分析，结合当地地质地貌实际情况科学地判定当时是否存在矿产资源。

经 TM 影像解译，大瑶山地区 TM 影像图上显示深绿色调，粗斑块，条带状图像，水系呈树枝状，山体宽大，山脊线明显，近 SN 向大型线性影像大多为断裂构造的直接显示，尤以大瑶山西部地区为甚；环形影像反映岩体群、隐伏岩体的存在。

遥感在喀斯特景观区不仅是较直接揭示岩性、矿化信息，还对线性构造和环形构造解译及其与矿产分布之间关系的研究，使我们对区内矿产资源的空间分布规律的认识得以深化，为下一步的普查甚至是详查找矿工作提供了有益线索，进而建立了该地区以 NE 向区域性深断裂与近南北向构造交汇部位为成矿最有利地段的找矿模式。

## 6.5　工程技术方法

找矿的工程技术方法主要是地表坑道（剥土、探槽及浅井）及钻探工程等探矿工程。在找矿过程中，工程技术手段主要用来验证物探、化探异常，揭露、追索矿体或成矿有关地层、断裂、岩浆岩相互关系，解决找矿关键问题。

## 6.6　找矿技术方法的综合应用

本章各种找矿方法有其具体应用条件，各有所长及不足。矿床是各种特征密切联系的统一整体，只有合理地选择、综合运用不同的找矿方法，使其相互补充、验证，才能准确、客观地了解、认识各种地质现象，从而更快捷有效寻找到矿体，更好地掌握矿床成矿规律和评价矿床。

找矿方法的综合应用，是建立在综合研究的基础上，根据具体的地质条件和自然景观，结合各种方法的应用前提，因地制宜地正确选择合适的找矿方法进行组合使用，以达到环保、快速、经济、有效地发现矿床。可以借鉴综合找矿方法比较成功的案例，比如云南个旧锡矿。

（1）构造地球化学方法对老矿山外围及深部隐伏矿体找矿是一种较好的方法，可以有效圈定找矿靶区，所得出的异常与已知矿化地段的上部地球化学特征类比，再结合地质成矿条件、物探、化探结果，最后运用综合信息逐步缩小预测靶区。

（2）瞬变电磁法（TEM）以其探测深度大、空间分辨高优势，在围岩和矿体电导性差异较大地区（如针对氧化矿类型）具有较好的找矿效果。

（3）利用多源遥感影像进行矿物填图，基于标准矿物光谱的蚀变信息提取及高光谱遥感岩矿识别和蚀变（岩）信息提取，为间接找矿提供依据。

（4）土壤次生晕地球化学勘查为地面化探的重要勘查对象，具有测定技术上易于检出，取样上人为影响较小，代表性、客观性较强等优点，可能提供更多、更全面的深部找矿信息。

# 7 成 矿 预 测

## 7.1 找矿模型的建立

找矿模型是在矿床成矿模式的基础上建立起来的，是针对发现某类具体矿床所必须具备的有利地质条件、有效的找矿技术手段及各种直接或间接的矿化信息的高度概括和总结。找矿模型是找矿技术方法及矿化信息提取研究内容的综合性研究成果，建立找矿模型也是科学找矿的基本内容之一。

### 7.1.1 找矿模型的基本内容

找矿模型在控矿因素和成矿规律研究的基础上，通过对矿床（体）地质、物探、化探、遥感诸方面信息显示特征的充分挖掘及综合分析，从中优选出那些有效的、具单解性信息作为找矿标志，并在确定了找矿标志和找矿方法的最佳组合后才建立起来的。

### 7.1.2 找矿模型的分类

根据建立找矿模式所使用的资料和找矿的方法手段及当前地质找矿理论研究现状，找矿模型通常分为以下5种类型。

（1）经验找矿模型。经验找矿模型是在地质概念的基础上通过进一步加强对找矿标志及找矿方法的经验总结而建立的。

（2）地质-地球物理找矿模型。地质-地球物理找矿模型是勘查目标物及其周围地质、地球物理现象综合一体的结果，常以图表的形式表示。

（3）地质-地球化学找矿模型。地质-地球化学找矿模型是将已总结的地球化学标志与矿床地质特征融为一体，用图表或文字表达出来。地质-地球化学找矿模型应突出矿体不同位置的指示元素分带特征及与地质体之间的联系，以指导同类矿床的勘查工作。

（4）综合信息找矿模型。综合信息找矿模型是将各种找矿方法获取的信息及其与矿体的对应关系用图表或文字的形式进行形象的表达，可以是地质、物探、化探信息的综合也可以是地质、物探、化探等信息的综合。

（5）流程式找矿模型。流程式找矿模型是以系统论作指导，把整个勘查工作视为一个包含众多子系统的大系统，既强调勘查大系统的完整性，又重视勘查子系统的独立性及相互依赖性；既重视勘查工作的循序渐进性，又充分考虑到找矿工作不同阶段在控矿因素、找矿标志、找矿方法上的差异性及特殊性。

# 7.2 找矿预测区优选

找矿预测区优选是在找矿靶区已圈定的前提下，应用经验的数学的或计算机方法，对相对的成矿可能性大小或成矿有利程度，结合经济、地理、交通、市场供需关系等诸方面因素的综合比较，对找矿靶区所进行的评价和优劣排序。

## 7.2.1 大团-司律-盘龙铅锌找矿预测区

### 7.2.1.1 地理位置

该预测区包括武宣县桐岭镇西南的大团、司律等地区，属于波吉-司律成矿亚带的 I 成矿区。自桐岭镇至大团、司律、盘龙，三里镇至古立、朋村均有省级公路、乡村公路可达，交通方便。

### 7.2.1.2 成矿靶区地质背景

构造背景处于来宾凹陷带与大瑶山隆起接合部，属大瑶山西侧铜铅锌成矿带南段，NE 向断裂发育，纵贯全区的深大断裂是导矿构造，区内出露地层主要为泥盆系，含矿地层以下泥盆统上伦白云岩（$D_1sl$）、官桥白云岩（$D_1g$）为主，中泥盆统东岗岭组（$D_2d$）次之。赋矿岩性主要为白云岩、白云质灰岩。成矿靶区紧靠凭祥-大黎北东向深大断裂西侧，并受该断裂控制和近 SN 向断裂影响。

### 7.2.1.3 矿化特征

区内发现铅锌矿 5 处、重晶石两处。矿化类型为热液充填交代型，蚀变矿化规模大，具有较大找矿远景。

### 7.2.1.4 成矿条件分析

该预测区位于大瑶山西侧南段来宾凹陷带与大瑶山隆起接合部位，凭祥-大黎 NE 向深大断裂西南侧下古生界地层凹陷区。地质构造复杂，经历了三大发展阶段：加里东期基底褶皱与断裂的形成阶段，以褶皱构造为特征；华力西期台盆的形成、裂解分异及盆地边缘拉张、走滑断裂的发展阶段。其构造特点是台盆边缘走滑断层和同沉积断裂对盆地进行改造，沉积基底张裂，形成了基底地堑地垒交替变化的构造格局。主要断裂有 NE 向通挽-东乡挤压断裂带，控制了成矿带南段的矿床矿化分布。呈 NNE 向展布的桐木断裂带及派生的北西向妙皇、热水断裂，构成了"Y"字形断裂，控制了成矿带中至北段的沉积岩相展布和岩性变化；燕山—印支期盖层褶皱及断裂构造的叠加改造阶段：该阶段主要是在桂中盆地的泥盆系-二叠系中形成以 NNE 向为主的褶皱断裂构造，主要表现在对先存的构造进行叠加改造作用，沿断裂带 NE 向密集节理发育。经过上述构造活动，预测区岩石支离破碎，为成矿作用提供了有利通道和容矿空间。

据 1:20 万化探资料，区内 Pb、Zn、Cu、Ba 化探异常显著，分布面积大，强度高，其展布与构造、层位及已知矿床（点）吻合较好，波吉-司律异常带在区域上呈 NE 向延伸，长约 40km，宽 2~3km，以 Pb、Zn 异常为主，异常元素含量一般为 Pb $100 \times 10^{-6} \sim 1620 \times 10^{-6}$，Zn $100 \times 10^{-6} \sim 3000 \times 10^{-6}$。另据航磁资料，区内深部有隐伏花岗岩体存在，沿凹陷边缘展布，与区内主要构造线及已知矿床点展布方向基本一致。

由于以往工作强度相对较高，目前已发现盘龙、朋村、古立等铅锌矿床 5 处，其中大型矿床 1 处，中型矿床 2 处。

### 7.2.1.5 找矿靶区预测

A 翻山铅锌矿靶区预测

a 地理位置

测区位于广西武宣县城南东 12km 的桐岭镇盘古村北东面一带，面积 10km²。矿区至桐岭镇 9km，有简易公路可通汽车，与国道 209 线相接，往北至柳州 113km，往南西至黎湛线蕈塘火车站 55km；黔江从矿区东北侧穿流而过，有勒马埠可通客、货轮，上至柳州、下抵广州。交通便利。

b 地质背景

矿区为大瑶山西侧铅锌多金属成矿带的南段，位于来宾凹陷带与大瑶山隆起的交接部位。出露地层有寒武系、泥盆系及第四系。主要含矿层位上伦白云岩（$D_1sl$），以白云岩为主，夹有白云质灰岩，局部夹有少量灰色、浅灰色硅质岩。上部白云岩以深灰色为主，少量灰-浅灰色，中-粗晶结构，中厚层状，局部有重晶石、铅、锌矿富集，具白云石化、硅化现象。

c 矿化蚀变特征

矿区的围岩蚀变总体不强烈，其分布范围大致位于矿体附近，距离矿体 1~2m，最远可达 15m。围岩蚀变类型主要为黄铁矿化、硅化和白云石化，其次有重晶石化，局部还见有萤石化及方解石化。其中白云石化、硅化和黄铁矿化与成矿关系最为密切。翻山矿段长约 2500km，已大致控制的矿化带总长约 1500m。矿段发现 4 个含矿层，其中 1~3 矿层产出层位与大岭矿段相近，为上伦白云岩上部，4 矿（化）层（体）产于官桥白云岩（$D_1g$）底部。矿（化）体形态为似层状或透镜状，赋矿围岩为白云岩，矿（化）层（体）顶底板为白云岩或硅化白云岩，走向 135°~85°，倾角 70°~85°。除 17、25 线按 100m 斜深作倾向控制而未见矿外，其余各线均为单孔控制。1~3 矿（化）层又可分为 8 个矿（化）体。

全矿段均为零星小矿（化）体，唯一较大矿（化）体为（3）-3，长 225m，厚 2.51~5.52m，平均品位 Pb 0.54%、Zn 2.36%，虽为双孔控制，但只有 17 线为部分达工业要求，其余均为矿（化）体，且品位低。矿床成因类型为层控矿床，类比大岭矿段，预计深部存在大矿富集地段。

d　找矿前景及建议

测区具有良好的成矿地质条件，结合各矿区（点）的实际情况，认为找矿潜力最大的仍是盘龙矿区外围的 16 线以东、30 线以西，翻山矿段及南西侧盘古测区进行了电测工作，这些地段具有化探 Pb、Zn 异常，且具有明显激电规模大、分带明显、强度高，地表上均分布有铁锰帽及重晶石，只要安排一定的钻探工程进行验证，该区找到大型以上铅锌矿床的可能性是很大的。

今后除对翻山矿床、矿体范围内的深部评价预测及找矿外，还要加强对矿区区域成矿地质条件、区域找矿模型及区域成矿规律的研究，特别是要加强对区域的深部成矿研究。在贯彻"新区面上铺开，矿山重点深部"的找矿方针过程中，在积极开展新区找矿的同时，继续重视老区就矿找矿工作，实行"两条腿走路"。总之，深部找矿成功之路是地质、技术、经济与政策的有机结合。可以预见，深部地质找矿工作能够实现新的重大突破。

B　大团铅锌矿靶区预测

a　地理位置

测区位于广西武宣县通挽镇北东 5km 处大团村一带，面积 10km²。

b　地质背景

测区地处大瑶山北侧桂中凹陷与大瑶山隆起交接部位，NE 向凭祥-大黎区域断裂带上。矿区内主要出露寒武系，岩性为不等粒砂岩、粉砂岩和页岩等。具复理石建造特征；下泥盆统为紫红色砂砾岩、砂岩、白云岩等，与下伏寒武系呈角度不整合接触；可划分为莲花山组（$D_1l$）、那高岭组（$D_1n$）和上伦白云岩（$D_1sl$）；中泥盆统东岗岭组（$D_2d$）：岩性为灰绿色泥（页）岩、粉砂质泥岩等，上泥盆统融县组（$D_3r$）：岩性为泥灰岩、灰岩、白云岩及泥岩，并夹有砂岩；二叠系为燧石灰岩、灰岩、硅质岩、砂岩、页岩。NE 向深大断裂分布于矿区的中部北西侧，贯穿整个区内，两端伸出区外，是凭祥-大黎深大断裂的一部分，为区域性复合深大断裂。该断裂区域上切割寒武系及泥盆系，并导致区内泥盆系与二叠系地层部分地段上二者呈断层接触。

c　矿化异常特征

司律铅锌矿产于上伦白云岩（$D_1sl$）断裂破碎带中内，在地表可见含铅锌的堆积褐铁矿，分析品位：Pb 0.28%，Zn 1.84%，TFe 20%~56.8%，赋矿围岩为灰岩、泥灰岩。矿体产状 123°~145°∠70°~85°，矿体厚约 1.50m。矿石主要呈浸染状、致密块状，部分呈角砾状、团块状、不规则状，矿石矿物以中细粒的闪锌矿为主，少量方铅矿浸染，脉石矿物为白云石、方解石、重晶石等。围岩蚀变普遍发育，范围较窄，主要蚀变有白云石化、方解石化、黄铁矿化、重晶石化。

物化探异常特征：（1）重力异常特征：在武宣—盘龙—司律一带，布格重力异常表现为局部重力高（$-20\times10^5 \sim -28\times10^5 \mathrm{m/s^2}$）和 NW 向梯度带，反映存在深大断裂。（2）航磁异常特征：在武宣—盘龙—司律一带，航磁异常表现出明显的 NW 向梯度带，并推测在东乡一带可能存在隐伏花岗岩体。（3）激电异常特征：因远景区内铅锌矿和黄铁矿化白云岩具有很强的激电效应，特别是铅锌矿体激电效应比白云岩围岩高 10 倍以上。（4）化探异常特征：武宣—象州地区赋矿岩土要为泥盆统的白云岩、白云岩夹灰岩，其 Pb、Zn、Cu 元素的平均丰度为 $121\times10^{-6}$、$101\times10^{-6}$、$7.3\times10^{-6}$，均大于岩石地壳平均值，为测区重要的含矿母岩或矿源层。据 1：20 万和 1：5 万化探测成果，在盘龙—司律一带，分布有与断裂构造、赋矿位吻合好的 Pb、Zn、Cu、Ag、Ba 元素地球化学异常。其中，在盘龙—司律一带，异常呈 NE 向带状展布，长约 40km，宽 2~3km，以 Pb、Zn 为主，异常含量一般为 Pb $100\times10^{-6} \sim 300\times10^{-6}$、Zn $100\times10^{-6} \sim 300\times10^{-6}$。

d  找矿前景及建议

综上所述，大团铅锌找矿远景成矿条件较有利，重磁电物探异常和铅锌化探异常发育，含矿（层位）带出露明显，目前已经发现了铅锌矿体，显示出良好的找矿前景。区域上已发现多处与盆地热卤水改造作用有关的铅锌矿床或矿点。由于自司律以南，白云岩厚度有递减的趋势，取代之为泥质灰岩或泥灰岩，作者认为不利于形成大规模矿体，预测可找到中型规模矿床。

C  司律铅锌矿靶区预测

a  地理位置

测区位于广西武宣县桐岭镇南面约 4km 的司律屯一带，面积 10km²。矿区至桐岭镇 9km，有简易公路可通汽车，与国道 209 线相接。

b  地质背景

测区地处大瑶山北侧桂中凹陷与大瑶山隆起交接部位，NE 向凭祥-大黎区域断裂带上。矿区内主要出露寒武系，岩性为不等粒砂岩、粉砂岩和页岩等。具复理石建造特征；下泥盆统为紫红色砂砾岩、砂岩、白云岩等，与下伏寒武系呈角度不整合接触；可划分为莲花山组（$D_1l$）、那高岭组（$D_1n$）和上伦白云岩（$D_1sl$）；中泥盆统东岗岭组（$D_2d$）岩性为灰绿色泥（页）岩、粉砂质泥岩等，上泥盆统融县组（$D_3r$）岩性为泥灰岩、灰岩、白云岩及泥岩，并夹有砂岩；二叠系为燧石灰岩、灰岩、硅质岩、砂岩、页岩。NE 向深大断裂分布于矿区的中部北西侧，贯穿整个区内，两端伸出区外，是凭祥-大黎深大断裂的一部分，为区域性复合深大断裂。该断裂区域上切割寒武系及泥盆系，并导致区内泥盆系与二叠系地层部分地段上二者呈断层接触。

　　c　矿化异常特征

　　矿体近矿围岩多为白云岩、泥质灰岩，围岩蚀变普遍发育，范围较广，主要蚀变有白云石化、方解石化、黄铁矿化、重晶石化。矿区圈定两条铅锌矿（化）体，矿体走向 NE 向。矿石组分主要为 Pb、Zn、S，矿体多呈似层状、透镜状，赋矿围岩主要为白云岩、泥质灰岩。1 号矿（化）体产于下泥盆统上伦组构造破碎带中，矿体厚度较为稳定，工程控制矿体平均厚度为 8m。地表槽探工程中矿体 Pb 品位为 0.45% ~ 3.25%，Zn 品位为 1.12% ~ 8.98%。矿石平均品位 Pb 为 1.51%，Zn 为 5.13%。2 号矿体产于下泥盆统上伦组白云岩层间挤压破碎带中，破碎带中可见较多角砾，多为白云岩组成，矿体地表倾向为 NW 向，倾角约 60°，矿体产状变化较大。控制长约 100m，工程控制矿体平均厚度 5.30m。钻孔 ZK201 内所见矿体 Pb 品位为 0.95% ~ 7.25%，Zn 品位为 1.66% ~ 11.92%。矿石平均品位 Pb 为 2.13%，Zn 为 8.13%。矿（化）体向深部增强，品位变富，厚度变大。该区铅锌矿石多呈浸染状、细脉状，矿石的矿物成分较简单，矿石中金属矿物为方铅矿、闪锌矿、黄铁矿及少量白铁矿，脉石矿物为白云石、方解石、重晶石等，近地表局部黄铁矿氧化成浅灰色泥状。矿床成因类型为典型的沉积-改造型铅锌矿床，预计深部存在盲矿富集地段，矿（化）体向深部继续延深。

　　d　找矿前景及建议

　　测区内物化探异常显著，含矿（层位）带出露明显，目前已经发现了铅锌矿体，显示出良好的找矿前景。但自桐岭以南，白云岩厚度有递减的趋势，取代之为泥质灰岩或泥灰岩，笔者认为不利于形成大规模矿体，预测可找到中型规模矿床。

### 7.2.2　南洞-双桂-古富铅锌找矿预测区

#### 7.2.2.1　地理位置

　　测区位于广西象州县妙皇乡新造与武宣县二塘乡双桂至古远一带，属于新造-乐梅成矿亚带的Ⅰ成矿区，交通方便。

#### 7.2.2.2　成矿地质背景

　　测区大地构造位置为华南板块南华活动带的来宾凹陷带与大瑶山隆起的交接部位，是广西最具远景成矿区带，产铜、铅、锌多金属等矿产。出露泥盆系地层，断裂构造极为发育，该区赋矿地层主要为下泥盆统大乐组、官桥白云岩及上伦白云岩、白云岩夹灰岩，为大瑶山西侧铅锌成矿带和广西重要的铅锌矿含矿层位，该区赋矿白云岩具有厚度大、分布广的特点。

### 7.2.2.3　矿化蚀变特征

围岩蚀变总体不强烈，其分布范围大致位于矿体附近距离矿体 3~10m。围岩蚀变主要有重晶石化、白云石化、硅化、金属硫化物铅锌矿化、黄铁矿化。

### 7.2.2.4　成矿条件分析

(1) 测区处于北西、近南北向几组断裂发育地区，矿点（化）及化探异常主要分布在下古生界凹陷带中的断裂隆起区，成矿地质背景好，具有形成大中型铅锌矿床的条件。

(2) 该区主要含矿层为下泥盆统大乐组、官桥组及上伦白云岩、白云岩夹灰岩，其成矿作用与碎屑岩-碳酸盐岩建造有关。矿（化）体不仅沿着次级断裂分布，也沿着层间破碎带分布，矿石地表品位较低，但含矿层厚度大、延伸长、规模大，加之后期岩浆活动的叠加和改造，有利于进一步富集成矿。因此，在该区有寻找和发现与沉积-热卤水改造有关的块状硫化物矿床的条件，有望取得突破。

(3) 矿化信息丰富，该区具有层控特征的铜铅锌矿点分布数量多达 10 处，矿化范围广。同时以铅锌为主的多金属化探综合异常，异常范围大、浓集中心明显。化探异常元素组合和已知矿化特点相吻合，显示出较好的找矿前景。

(4) 该区地表有几处铁锰矿化点，如新造铁锰矿点、双桂铁锰矿点，过去仅以铁矿点评价，规模小，品位低，找矿意义不大，矿点（化）突出的特点是产生在海相下泥盆统上伦白云岩-大乐组（$D_1d$）地层中，并常见孔雀石、斑铜矿或原生黄铜矿，Cu 的丰度值远远高于地壳克拉克值，这些矿点可能是铁帽（铁锰帽），是与海相火山岩有关的块状含铜硫化物的氧化带，它们是寻找铜矿的直接标志。

(5) 1:20 万区域化探（水系沉积物测量）扫面结果显示，测区有较好的 Pb、Zn、Cu、Ag、Ba 等元素异常，其中尤以 Pb、Zn、Cu、Ba 元素异常最为发育。1:5 万化探结果表明该区存在较好的 Pb、Zn、Cu 元素异常，异常值 Pb 最高达 $1968.7×10^{-6}$，Zn 最高达 $1848.0×10^{-6}$。异常与区内含矿岩层——下泥盆统大乐组、二塘组、官桥白云岩、上伦白云岩的分布吻合良好。

区内与铜铅锌矿化有关的蚀变特点是基本有分带现象，一般硅化、重晶石化在内，向外是白云石化，硅化带是主要含矿蚀变带。

### 7.2.2.5　找矿靶区预测

A　双桂铅锌矿靶区预测

a　地理位置

测区位于广西武宣县二塘镇 NE 向 15km 处双桂至波耀一带，总面积 8km²。

b　地质背景

该区大地构造位置为华南板块南华活动带的来宾凹陷带与大瑶山隆起的交接

部位，是广西最具远景成矿区带，产铜、铅、锌多金属等矿产。出露泥盆系地层，断裂构造极为发育，该区赋矿地层主要为下泥盆统大乐组、二塘组、官桥白云岩及上伦白云岩、白云岩夹灰岩，为大瑶山西侧铅锌成矿带和广西重要的铅锌矿含矿层位，该区赋矿白云岩具有厚度大、分布广的特点。

c 矿化蚀变异常特征

1：20 万区域化探（水系沉积物测量）扫面结果显示，测区有较好的 Pb、Zn、Cu、Ba 等元素异常，其中尤以 Pb、Zn、Cu、Ba 元素异常最为发育。1：5 万化探结果表明该区存在较好的 Pb、Zn、Cu 元素异常，异常值 Pb 最高达 $1968.7 \times 10^{-6}$，Zn 最高达 $1848.0 \times 10^{-6}$。异常与区内含矿岩层——下泥盆统上伦白云岩、二塘组、官桥白云岩的分布吻合良好。围岩蚀变有黄铁矿化、硅化、重晶石矿化。

d 找矿前景及建议

测区内有铅锌矿（化）点 2 处，矿床类型主要为沉积-热液改造型和破碎带蚀变岩型。

资源潜力分析：此次工作仅限于地表调查，没有安排深部工程进行验证，工作程度尚低。总体上看，该区具有良好的成矿地质条件，具有与铅锌矿成矿有利的层位、岩性。后期构造活动强烈，为矿质运移、富集提供了空间，深部的岩浆活动为矿质的运移、富集提供了热动力条件，化探异常分布面积大，且与矿床（点）套合好，物探激电异常显著，显示出良好的找矿前景，其中，区内波耀、双桂、铜鼓岭、鸡冠岭一带找矿潜力大，预测具有寻找到大中型规模的铅锌矿床。

B 南洞铅锌矿靶区预测

a 地理位置

测区位于广西武宣县二塘镇六峰山北东约 15 处的南洞一带，面积 $8km^2$。

b 地质背景

测区位于大瑶山西侧铅锌多金属成矿带北部，主要赋矿层位为下泥盆统大乐组（$D_1d$），近 SN 向断裂构造发育。

c 矿化异常特征

1：20 万区域化探（水系沉积物测量）扫面结果显示，测区有较好的 Pb、Zn、Cu、Ag、Ba 等元素异常，其中尤以 Pb、Zn、Cu、Ba 元素异常最为发育，异常与区内含矿岩层——下泥盆统大乐组的分布吻合良好。圈定 7 个铅锌矿体，编号①、②、③、④、⑤、⑥、⑦号。矿体主要产于近 SN 向的断裂带中及旁侧白云岩中，呈脉状或似层状。矿体长大于 320m，厚 $1.12 \sim 6.44m$，多数倾向圈闭。矿石多为块状及细脉浸染状，矿石矿物以闪锌矿、方铅矿为主，次为黄铁矿、黄铜矿。脉石矿物有白云石、重晶石、石英、方解石等。在某些地段，重晶石富集，形成品位较高的脉状、似层状矿体。重晶石化、白云石化、硅化等蚀变矿化强烈，该区预计深部存在富矿体。

d 找矿前景及建议

该区内目前于地表发现 7 个铅锌矿体，矿体主要产于近 SN 向的断裂带中及旁侧白云岩中，呈脉状或似层状。由于工作量不足，未能安排深部工程验证，工作程度仍很低。总体上看，该区具有良好的成矿地质条件，具有与铅锌矿成矿有利的层位、岩性，后期构造活动强烈，为矿质运移、富集提供了空间，推测的深部岩浆活动为矿质的运移、富集提供了热动力条件，化探异常分布与矿床（点）套合好，显示出良好的找矿前景，预测可找到中型以上规模的铅锌矿床。

C 古富铅锌矿靶区预测

a 地理位置

测区位于武宣县二塘镇 NEE 向 10km 古富一带，面积约 10km$^2$。

b 地质背景

测区处于来宾凹陷带与大瑶山隆起两大构造单元接合部位，为大瑶山西侧铜铅锌成矿带中段。发育近 SN 向断裂，出露地层为泥盆系，含矿地层为下泥盆统上伦白云岩（$D_1sl$）。

（1）矿区地层主要呈单斜构造，倾向 280°~320°，倾角较平缓，多在 10°~25°之间，但局部有起伏，倾向波动较大，甚至有倒转。

（2）矿区内主要发育有 2 条 SN 向断裂。

$F_1$：分布于矿区西部，即为区域上的永福-东乡断裂（见前述）的一部分，由于该断裂的活动，在矿区内造成了那高岭组与二塘组、上伦白云岩地层的断层接触关系，并使那高岭组重复出现。产状不明。

$F_2$：分布于矿区东部，区域上长度大于 25km，在矿区内造成郁江组与上伦白云岩的断层接触关系。产状不明。

c 矿化异常特征

1:20 万综合异常展布与构造、层位及已知矿床（点）吻合较好。重晶石化、白云石化、硅化等蚀变矿化强烈。

古富矿点现有 2 个采矿民窿，均见有似层状铅锌矿体产出。

Ⅰ号铅锌矿体：由老采坑 MD1 控制。矿体总体呈似层状产出，赋矿围岩为下泥盆统上伦白云岩（$D_1sl$），大致产状 300°∠15°。主要金属矿物有方铅矿、闪锌矿及其氧化物，铅锌矿物呈细脉状、团块状充填岩石裂隙，氧化程度约 40%。控制矿体厚 9.93m，平均品位 Pb 1.04%，Zn 2.50%，最高品位 Pb 4.63%，Zn 3.88%。而采矿井近似于暗井，矿体近似于隐伏，在采坑的各个方向上仍见有矿化，有较大的找矿潜力。

Ⅱ号黄铁闪锌矿体：MD2 为民窿，矿体呈似层状产出，赋矿层位为下泥盆统上伦白云岩顶部，赋矿围岩为白云岩，但顶底板均为薄-中层泥质灰岩，层位在Ⅰ号矿体之上，大致产状 290°∠17°。主要金属矿物为闪锌矿和黄铁矿，呈细脉状、条带状、团块状顺层产出，与Ⅰ号矿体特征有明显不同。厚 1.41m，平均品位 Pb 0.0075%，Zn 2.05%，最高品位含 Zn 3.44%。预计深部存在富矿体。

d 找矿前景及建议

区内已发现有 2 个半隐伏似层状铅锌矿体产出，矿体厚度大，目前仅限于两个民采老硐的资料。加上该区后期强烈构造的活动为矿质的运移、富集提供了热动力条件和空间，显示该区具很大的找矿潜力。预测具有寻找大型铅锌矿床的潜力。

D 那界铅锌矿靶区预测

a 地理位置

测区位于广西武宣县二塘镇 NE 方向 10km 处那界—古远村一带，面积约 6km²。

b 地质背景

该区大地构造位置为华南板块南华活动带的来宾凹陷带与大瑶山隆起的交接部位，是广西最具远景成矿区带，产铜、铅、锌多金属等矿产。出露泥盆系地层，断裂构造极为发育，该区赋矿地层主要为下泥盆统上伦白云岩（$D_1sl$）、二塘组（$D_1e$）、官桥白云岩（$D_1g$）、大乐组（$D_1d$）白云岩、白云岩夹灰岩，为大瑶山西侧铅锌成矿带和广西重要的铅锌矿含矿层位，该区赋矿白云岩具有厚度大、分布广的特点。

c 矿化异常特征

1∶20 万区域化探（水系沉积物测量）扫面结果显示，测区有较好的 Pb、Zn、Ag、Ba 等元素异常，其中尤以 Pb、Zn、Ba 元素异常最为发育。1∶5 万化探结果表明该区存在较好的 Pb、Zn、Cu 元素异常，异常值 Pb 最高达 $1650.2 \times 10^{-6}$，Zn 最高达 $1541.6 \times 10^{-6}$。异常与区内含矿岩层——下泥盆统上伦白云岩（$D_1sl$）、二塘组（$D_1e$）、官桥白云岩（$D_1g$）、大乐组（$D_1d$）的分布吻合良好。围岩蚀变有黄铁矿化、硅化、重晶石矿化。

d 找矿前景及建议

测区内有铅锌矿（化）点 2 处，矿床类型主要为沉积-热液改造型和破碎带蚀变岩型。

资源潜力分析：此次以往工作仅限于地表调查，有少量浅部工程进行验证，工作程度尚低。总体上看，该区具有良好的成矿地质条件，具有与铅锌矿成矿有利的层位、岩性。后期构造活动强烈，为矿质运移、富集提供了空间，深部的岩浆活动为矿质的运移、富集提供了热动力条件，化探异常分布面积大，且与矿床

（点）套合好，物探激电异常显著，显示出良好的找矿前景，找矿潜力大，预测具有寻找到大中型规模的铅锌矿床。

### 7.2.3 王铎-新造铅锌找矿预测区

#### 7.2.3.1 地理位置

测区位于广西象州县妙皇乡新造至王铎一带，属于新造-乐梅成矿亚带的Ⅱ成矿区，交通方便。

#### 7.2.3.2 成矿地质背景

测区大地构造位置为华南板块南华活动带的来宾凹陷带与大瑶山隆起的交接部位。出露泥盆系地层，断裂构造极为发育，该区赋矿地层主要为下泥盆统大乐组、官桥白云岩及上伦白云岩、白云岩夹灰岩，为大瑶山西侧铅锌成矿带和广西重要的铅锌矿含矿层位，该区赋矿白云岩具有厚度大、分布广的特点。

#### 7.2.3.3 矿化蚀变特征

在矿区开展 1:1 万土壤剖面测量工作，圈出 Pb、Zn 化探异常带，呈狭长带状分布，异常强度较高，有一定的规模，局部地段具有较好的浓集中心，Pb、Zn 异常套合良好，异常含量一般铅含量大于 $1000×10^{-6}$、锌含量大于 $300×10^{-6}$。异常中心的地层主要是中、下泥盆统大乐组（$D_1d$）、东岗岭组（$D_2d$），并与南北向断层及层间破碎带吻合较好。区内近断裂处，矿化现象普遍，成矿条件较好。

#### 7.2.3.4 成矿条件分析

（1）在象州县东面的寺村一带分布有隐伏花岗岩体，说明区内岩浆活动波及的范围较广泛，预测区也将受到岩浆活动及热液活动的影响，岩浆热液活动为矿区铅锌矿的形成提供了丰富的物质来源和热源。

（2）区内断裂构造发育，其中 NE 向的凭祥-大黎断裂区域性复合深大断裂从预测区东侧穿过，其规模巨大，是热液活动的通道，也是主要的导矿构造。在其旁侧发育的次一级断裂则是较好的容矿构造，是矿液沉淀、富集的有利场所。

（3）该区主要含矿层为下泥盆统大乐组、官桥白云岩及上伦白云岩、白云岩夹灰岩，其成矿作用与碳酸盐岩建造有关。矿（化）体不仅沿着次级断裂分布，也沿着层间破碎带分布，矿石地表品位较低，但含矿层厚度大、延伸长、规模大，加之后期岩浆活动的叠加和改造，有利于进一步富集成矿。

（4）矿化信息丰富，该区具有脉状特征的铜铅锌矿点分布数量多达 5 处，矿化范围广。同时以铅锌为主的多金属化探综合异常，异常范围大、浓集中心明显。化探异常元素组合和已知矿化特点相吻合，显示出较好的找矿前景。

（5）该区地表有新造铁锰矿点，过去仅以铁矿点评价，规模小，品位低，找矿意义不大，矿点（化）突出的特点是产生在泥盆系海相碳酸盐岩地层中，并常见孔雀石、斑铜矿或原生黄铜矿，铜的丰度值远远高于地壳克拉克值，这些矿点可能是铁帽（铁锰帽），是与海相火山岩有关的块状含铜硫化物的氧化带，它们是寻找铜矿的直接标志。

### 7.2.3.5　找矿靶区预测

A　王铎铅锌矿靶区预测

a　地理位置

测区位于象州县象州镇以南 7.5km 王铎至沐恩一带，面积 7km²。

b　地质背景

测区位于华南板块南华活动带的来宾凹陷带与大瑶山隆起的交接部位，属大瑶山西侧铅锌多金属耀重晶石矿成矿带中段。出露的地层有下泥盆统大乐组（$D_1d$）、中泥盆统四排组（$D_2s$）和东岗岭组（$D_2d$）、上泥盆统榴江组（$D_3l$）及第四系，区内断裂构造十分发育，主要有近 SN 向和 NW 向两组断裂构造发育，以近 SN 向断裂为主，其多被后期的 NW 向断裂切割，破碎带中有重晶石、方解石、硅质及铁锰质充填，具硅化、重晶石化，局部地段有铅锌矿化、铜矿化。$F_1$位于靶区中部，长大于 1000m，宽 5~10m，走向呈 SN 向，倾向 E，倾角 40°~80°，有重晶石脉充填和胶结，为逆断层，沿断裂带及硅化带伴随有方铅矿、闪锌矿、黄铜矿等。$F_1$断层是该区的主要赋矿构造。

c　矿化蚀变特征

区内矿化类型主要有铅锌矿化，所有矿化均分布于断层破碎带内，矿化分布不均匀，同一破碎带一般自北向南矿化逐渐变弱，矿区围岩蚀变发育，且与铅锌矿化有密切关系，是寻找铅锌矿的主要找矿标志。围岩蚀变类型主要为重晶石化、黄铁矿化和白云石化，其次有硅化，其中重晶石化、白云石化与成矿关系最为密切。重晶石化主要沿层间破碎带发育，并受其控制重晶石化带与金属硫化物富集带基本吻合，蚀变形成的重晶石一般为半自形晶、自形晶晶体，呈柱状、短柱状，集合体呈细脉状、放射状、团块状，而与同沉积期的细小条片状原生重晶石明显不一样，白云岩化是主要的近矿围岩蚀变之一，主要分布于铅锌矿体内部及其两侧，形成了广泛分布于该区的灰色白云岩和以单矿物出现的白云岩，白云石多为乳白色或肉红色，具有细中粒状，半自形晶、自形晶集合体呈细脉状、菱面体状或不规则粒状穿插在早期灰色白云岩裂隙内，黄铁矿化呈浸染状分布在围岩及矿石中，蚀变作用形成的黄铁矿大都呈细小五角十二面体或立方体晶形、半自形晶、自形晶与沉积同期形成的草莓状黄铁矿不同，硅化一般在含矿层或层间破碎邻近的岩层中，导致矿体围岩致密坚硬，沿裂隙、晶洞有石英晶体和小晶簇发育。

矿区通过开展 1 : 1 万地化剖面测量圈定了 1 个 Pb、Zn 元素组合异常，异常

分布在 $F_1$ 断裂破碎带上，为 Pb、Zn 异常形态为狭长条带状，异常长 1900m，宽 120m，异常极值为 Zn $4850 \times 10^{-6}$、Pb $870 \times 10^{-6}$，Zn、Pb 异常与含矿断裂带相互吻合，为 1 号矿体引起的异常。

d 找矿前景及建议

测区内既有有利于矿液交代的地层岩性，又有较理想的容矿构造空间，同时岩浆热液活动又能提供丰富的矿物质来源和热源，成矿地质条件十分优越，因此，加速对矿区及外围的勘查找矿将会取得更大的地质成果。1 号矿体地表出露连续性好，规模较大，矿石质量好。目前工程揭露长约 500m，仅为 $F_1$ 长度的一半，在 $F_1$ 断层走向上，Pb、Zn 异常带长约 1900m，因此，加大对 $F_1$ 的地表追索和深部工程揭露，将会扩大矿体储量规模，同时对构造交汇处附近的勘查，有望发现新的次一级容矿断裂，在次一级容矿断裂中重晶石细脉发育地段的深部有望探获隐伏铅锌矿体。

B 新造铅锌矿靶区预测

a 地理位置

测区位于象州县妙皇乡西南方向约 7km 处石牛—界首一带，面积 8km²。

b 地质背景

测区位于华南褶皱系大瑶山凸起西侧晚古生代桂中凹陷带的东缘，地处来宾凹陷带与大瑶山隆起西缘的交接部位。出露地层主要是中下泥盆统，主要为泥灰岩、灰岩、白云质灰岩、白云岩及泥岩、页岩。主要含矿层位是大乐组（$D_1d$），其次是东岗岭组（$D_2d$），赋矿岩性为白云岩、白云质灰岩。龙胜-永福深大断裂南段（永福-东乡段）自北往南从西侧通过，属于大瑶山西侧铅锌多金属成矿带的新造-乐梅成矿亚带，区域成矿条件十分有利。矿区构造线方向为近 SN 向。地层呈倾向西的缓倾斜的单斜产出，岩层倾角一般为 15°~35°。断裂构造发育，以发育 SN 向断裂为主，NW 向断裂多为后期断裂，切割 NE 向及近 SN 向断裂，对矿体的破坏性不大，近 SN 向次级断裂控制着该区铅锌、铜、重晶石等矿产的分布。

c 矿化蚀变特征

新造矿区的围岩蚀变总体不强烈，其分布范围大致位于矿体附近，距离矿体 1~2m，最远可达 15m。围岩蚀变类型主要为黄铁矿化、硅化和白云石化，其次有重晶石化和褐铁矿化，局部还见有萤石化及方解石化。其中白云石化、硅化和黄铁矿化与成矿关系最为密切。

共发现 3 个铅锌矿体，最长 550m，一般长 130~320m，最厚达 2.80m，最小 0.73m，一般 Pb 0.92%~1.09%，Zn 1.54%~3.17%，矿体严格受构造裂隙控制。矿体走向与该区构造线一致，并随构造的变化而变化，总体上矿体走向以 NW 向为主，近 SN 向次之。该矿点属热液充填交代型铅锌矿。

经激电中梯扫面，圈定的激电异常带异常强度大。根据中梯圈定的激电异常带展布范围、走向及已知钻孔控制的矿体，结合测深剖面推断的极化体产状、埋深、投影地面获得走向 170° 展布含矿带，认为该含矿带连续性好，有一定的规模，并与圈定激电异常带吻合。

据 1：20 万和 1：5 万化探测量成果，在新造一带，分布有与断裂构造、赋矿位吻合好的 Pb、Zn、Cu、Ba 元素地球化学异常。异常近南向带状展布，长大于 10km，宽约 5km，以 Pb、Zn 为主，异常含量一般为铅含量大于 $1000 \times 10^{-6}$，锌含量大于 $300 \times 10^{-6}$，铜含量大于 $100 \times 10^{-6}$。

在矿区开展 1：1 万土壤剖面测量工作，圈出 Pb、Zn 化探异常带，呈狭长带状分布，异常强度较高，有一定的规模，局部地段具有较好的浓集中心，Pb、Zn 异常套合良好，异常极值分别为 Pb $8706.9 \times 10^{-6}$、Zn $8562.5 \times 10^{-6}$。异常中心的地层主要是中、下泥盆统大乐组（$D_1 d$）、东岗岭组（$D_2 d$），并与南北向断层及层间破碎带吻合较好。

d　找矿前景及建议

新造靶区有铅锌矿、铜矿，目前地表所见铅锌矿体规模虽小，品位低（Pb+Zn 3.63%），但所施工的工程数量有限，深部也无工程控制。总的看来，该区还是具有与铅锌矿成矿有利的层位、岩性，后期构造活动强烈，为矿质运移、富集提供了空间，化探异常分布与矿床（点）套合好，成矿地质条件有利，显示出具有一定的找矿前景。

据所总结的成矿规律和控矿因素，推测有多个矿体沿走向或倾向均有延伸发展趋势，通过继续利用综合找矿方法开展找矿工作，特别是物探电法和坑探、钻探工程对深部矿（化）体的勘查，实现找矿突破，不但能扩大铅锌矿资源量，而且能找到一定规模的重晶石矿，但铜矿远景不大。

### 7.2.4　马黎-花侯-盘古铅锌找矿预测区

#### 7.2.4.1　地理位置

测区位于广西象州县妙皇乡盘古村与寺村镇花蓬村一带，属于桐木-寺村成矿亚带的 I 成矿区，交通方便。

#### 7.2.4.2　成矿地质背景

测区处于来宾凹陷带与大瑶山隆起两大构造单元交汇带上，为大瑶山西侧铜铅锌成矿带中北段。发育有近 SN 向和 NNW 向断裂，出露地层为泥盆系，含矿地层为下泥盆统郁江组（$D_1 y$）、上伦白云岩（$D_1 sl$）。

#### 7.2.4.3　矿化蚀变特征

区内发现有色金属、贵金属矿产地 5 处，其中铜 1 处、铅锌 3 处、银 1 处。矿化类型为沉积改造型和热液充填交代型。其中热液充填交代型铅锌矿矿产地较多，蚀变矿化规模较大，具有一定找矿前景，但沉积改造型铅锌矿不可忽视，具有一定潜力。

#### 7.2.4.4　成矿条件分析

（1）测区处于 NW 向、近 SN 向两组断裂发育地区，矿点（化）及化探异常主要分布在下古生界凹陷带中的断裂隆起区。地质构造复杂，经历了三大发展阶段：加里东运动构成了 NNE 向的复式褶皱为不对称紧密褶皱，局部为同斜倒转褶皱，向 NW 倾斜；华力西期的走滑断层和同沉积断裂对盆地进行改造，形成了基底堑-垒交替的构造格局。NE 向通挽-东乡挤压断裂带控制了成矿带南段的矿床矿化分布；NNE 向的桐木断裂带以及派生的 NW 向妙皇、热水断裂构成"Y"字形断裂控制了成矿带中-北段的沉积岩相和岩性变化。燕山—印支期新生的 NNE 向褶皱和断裂对先存的构造进行叠加改造，造成矿化的再富集或对矿体的破坏。其中，以华力西期最为发育。燕山晚期该构造带又一次活动，沿断裂带 NW 向密集节理发育。经过上述构造活动，预测区岩石支离破碎，为成矿作用提供了有利的通道和容矿空间。

（2）该区主要含矿层为下泥盆统那高岭组-二塘组，矿体主要赋存于这几组岩层内的断裂构造中，其成矿作用与碎屑岩-碳酸盐岩建造有关。矿（化）体沿着次级断裂分布，矿石地表品位较低，热液充填成矿。预测区内未见岩浆岩出露，但矿区外围岩浆活动迹象明显，局部见小面积岩浆岩出露。紧邻预测区北侧的寺村一带天然温泉水温多高达 70℃ 以上，进一步表明矿区深部有隐伏花岗岩体提供了热源。

（3）该区从盘古至花蓬已形成一条近 NSN 向矿化密集分布区，并已发现妙皇铜铅锌银矿大型矿床、出水岩小型矿床。

（4）据 1:5 万综合异常与近 SN 向构造、含矿层位及已知矿体吻合较好，区内已发现有 10 个铅锌银矿体产出，各矿体仅有少量地表工程揭露，走向上多未能圈闭，深部也无工程验证或控制，具有进一步开展勘查工作的充足依据。预测具有寻找大中型铅锌银矿床的潜力。

#### 7.2.4.5　找矿靶区预测

A　马黎铅锌矿靶区预测

a　地理位置

测区位于象州县妙皇镇 NE 向 8km 处马黎村一带，面积约 5km²。

b　地质背景

测区位于来宾凹陷带与大瑶山隆起两大构造单元交汇带上，为大瑶山西侧铜铅锌成矿带中北段。区内出露地层主要为下泥盆统上伦组白云岩和二塘组白云质灰岩。永福-东乡断裂在异常区中西部呈 SN 向穿过，导致地层岩性变形破裂，形成蚀变与容矿空间，同时也使地壳中深层次的含矿热卤水沿着次级构造在上升过程中萃取围岩中铅锌形成矿体，对区内铅锌矿的形成有重要控制作用。

　　c　矿化蚀变特征

　　靶区内蚀变现象普遍，蚀变带走向近 SN 向，地表有工程控制，矿化带宽约10m，长大于 300m，主要蚀变有硅化、褐铁矿化，并见有重晶石化、铜矿化、铅锌矿化。矿区圈定铜铅锌银矿（化）体 4 个，矿体主要赋存在上伦组、二塘组白云质灰岩中，以脉状、细脉浸染状充填于白云岩或白云质灰岩断裂或裂隙中，蚀变中等，矿化与石英脉关系密切。Cu 0.012% ~ 0.44%，Pb 0.35% ~ 0.79%，Zn 0.56% ~ 2.44%，Ag 47g/t ~ 219g/t，矿体厚 0.88 ~ 5.64m。该区铜铅锌银矿石多为细脉浸染状矿石，金属矿物主要为黄铜矿、闪锌矿、方铅矿，少量黄铁矿、蓝铜矿、黝铜矿、辉铜矿、辉砷镍矿，非金属矿物主要为石英、白云石和方解石等。

　　d　找矿前景及建议

　　据 1 : 5 万综合异常和 1 : 10 万化探剖面异常展布与近 SN 向构造、含矿层位及已知矿体吻合较好，区内已发现有 4 个铜铅锌银矿体，各矿体仅有少量地表工程揭露，走向上多未能圈闭，深部也无工程验证或控制，具有进一步开展勘查工作的充足依据。该区矿体明显受永福-东乡断裂构造控制，但与一定的地层层位有关，与成矿有关的黄铁矿化、硅化、褐铁矿化较普遍，说明热液活动强烈，本有形成中型以上铅锌银的有利条件，通过大比例尺地质测量，在对成矿规律、控矿因素研究之后，进行深部勘查。

　　B　山定铅锌矿靶区预测

　　a　地理位置

　　测区位于象州县妙皇乡东面 2km 处山定一带，面积 6km²。

　　b　地质背景

　　测区位于来宾凹陷带与大瑶山隆起两大构造单元交汇带上，为大瑶山西侧铜铅锌成矿带中北段。区内出露地层以下泥盆统二塘组（$D_1e$）白云岩。永福-东乡大断裂在异常区中东部呈南北向穿过，导致地层岩性变形破裂，形成蚀变与容矿空间，同时也使地壳中深层次的含矿热卤水沿着次级构造在上升过程中萃取围岩中的铅锌形成矿体，对区内铅锌矿的形成有重要控制作用。

　　c　矿化蚀变特征

　　靶区内蚀变现象普遍，蚀变带走向近 SN 向，矿体地表有工程控制，矿化带宽约 10m，长大于 1000m，主要蚀变有硅化、褐铁矿化，并见有重晶石化、铜矿化、铅锌矿化。矿区圈定铜铅锌银矿体 2 个，矿体主要赋存在二塘组白云岩中，呈似层状，铜矿以浸染状，铅锌矿细脉浸染状分布，蚀变强烈；Cu 0.64%，

Pb 0.41%~4.12%，Zn 0.46%，Ag 20.3~168g/t，矿体厚 0.93~3.89m。该区铜铅锌银矿石多为细脉浸染状型矿石，金属矿物主要为黄铜矿、闪锌矿、方铅矿、少量黄铁矿、蓝铜矿、黝铜矿、辉铜矿、辉砷镍矿，非金属矿物主要为石英、白云石和方解石等。该区矿床明显受层位岩性控制，为沉积改造型。矿体沿倾向没有工程控制，需加强深部勘查，预计深部（特别是矿区南部地段）存在盲矿富集地段。

d 找矿前景及建议

据 1：5 万综合异常和 1：10 万化探剖面异常展布与近 SN 向构造、含矿层位及已知矿体吻合较好，区内已发现有 2 个铜铅锌银矿体，各矿体仅有少量地表工程揭露，走向上多未能圈闭，深部也无工程验证或控制，具有进一步开展勘查工作的充足依据。预测具有寻找中型铅锌银矿床的潜力。

C 盘古铜铅锌银矿靶区预测

a 地理位置

测区位于来宾市象州县城 SE 方向 150°，妙皇乡东南约 15km 的盘古—大梭一带，面积 22km²。

b 地质背景

测区位于来宾凹陷带与大瑶山隆起两大构造单元交汇带上，区内出露地层主要有下泥盆统莲花山组（$D_1l$）细砂岩、粉砂岩夹石英砂岩，郁江组（$D_1y$）泥质粉砂岩夹石英砂岩、泥岩，上伦白云岩（$D_1sl$）白云岩、泥质灰岩、含生物屑灰质白云岩，其中，上伦白云岩是铅矿（化）体的主要赋矿层位。以发育近南北走向断裂为主，铅锌矿化体产于近南北走向断裂中。

c 矿化蚀变特征

铅矿化体产于构造蚀变带内，根据 TC01、TC04 工程揭露，铅矿化体厚 2.24~5.67m，平均厚 3.95m，品位 Pb 0.32%~0.64%，平均品位 0.45%。围岩蚀变以硅化、白云石化为主。根据 1：1 万土壤地球化学剖面测量，由北往南按 Cu $62.09 \times 10^{-6}$、Pb $103.28 \times 10^{-6}$、Zn $188.37 \times 10^{-6}$、W $3.35 \times 10^{-6}$、Mo $2.83 \times 10^{-6}$ 为异常下限圈定 4 处铅多金属异常区，Pb、Zn 元素浓集趋势明显，元素相关密切，矿致异常特征明显。经槽探工程揭露验证，异常由构造蚀变带中矿化引起。

d 找矿前景及建议

对此靶区的找矿，应在结合区域上此类矿化的成矿特点、调查成果及成矿规律的基础上，通过大比例尺地质测量，进一步了解矿化规模，对土壤地球化学测量组合化学元素异常值普遍较高，异常组合好且连续的地段，采用物探新技术、新方法了解深部矿化特征、矿床规模及矿体产状，为开展深部勘查提供依据，争取在该区有较大突破。

# 7.3 重点找矿靶区勘查评价

## 7.3.1 盘龙-翻山铅锌矿靶区

### 7.3.1.1 地理位置

测区位于广西壮族自治区来宾市北部象州地区，行政区划属广西壮族自治区象州县桐岭镇管辖。靶区面积约 $6km^2$。有公路、水路通往矿区，交通方便。

### 7.3.1.2 地质简况

**A 地层**

矿区出露地层有寒武系黄洞口组第一段（$\epsilon h^1$）橙黄、浅绿、灰白等色浅变质砂岩和泥岩互层；下泥盆统莲花山组（$D_1l$）为一套以紫红色为主的砂岩层，与下伏寒武系呈角度不整合或断层接触。那高岭组（$D_1n$）为浅灰、灰、绿灰细砂岩夹少量泥岩。产腕足类 *Orientospirifer wangi*，郁江组（$D_1y$）为灰色、褐黄色泥岩。产腕足类 *Orientospirifer wangi*，上伦白云岩（$D_1sl$）以白云岩为主，夹有白云质灰岩，局部夹有少量灰色、浅灰色硅质岩。上部白云岩以深黄色为主，少量灰-浅灰色、中-粗晶结构，中厚层状，局部有重晶石、铅锌矿富集，具白云石化、硅化现象，为该矿区的主要含矿层位；中、下部白云岩以细-微晶结构为主，颜色比上部稍浅，薄-中层状，靠近底部夹少量灰岩。产腕足类 *Howellella* sp.，二塘组（$D_1e$）主要为灰-深灰色灰岩与泥灰岩互层为主，间夹泥质灰岩、钙质页岩、白云岩，为薄-中层状，层理清楚，泥灰岩具疙瘩状构造。产腕足类 *Euryspirifer* sp.、*Glyplopilifer quadriplicatus*、*Otospirifer* sp.、*O. papilionacea*、珊瑚 *Thamnopora* sp.，有孔虫 *Shipaia hexaspina*，官桥白云岩（$D_1g$）为白云岩夹少量灰岩、生物碎屑灰岩及泥灰岩。产珊瑚 *Cladopora* sp.、*Thamnopora* sp.，大乐组（$D_1d$）为泥灰岩。产腹足类化石；中泥盆统东岗岭组（$D_2d$）上部为灰-深灰色、薄-中厚层状灰岩夹泥灰岩及泥质灰岩；中部为灰岩、泥灰岩、白云质灰岩、白云岩互层，间夹生物碎屑灰岩；下部为白云岩间夹页岩、泥质灰岩、灰岩，白云岩为浅灰-深灰色、中厚层状、细晶结构，底部白云岩常含燧石结核。该组产腕足类 *Bornhardtina* sp.、*Stringocephalus* sp.，瓣鳃类 *Fasaculiptera guangxiensis* 和珊瑚 *Chaetetes* sp.、*Dendrostella* sp.、*Farosites* sp.，腹足类化石，巴漆组（$D_2b$）为深灰色薄-中层状硅质岩与灰岩互层；上泥盆统融县组（$D_3r$）灰岩、鲕粒灰岩、生物碎屑灰岩夹白云岩；第四系（Q）为棕红色、黄褐色黏土层（见图7-1）。由坡积层和残积层组成，大部分已开辟为耕作区。

黄洞口组：分布于矿区南部，走向 NNW—SSE 向，倾向 NW—SE，倾角 $50°\sim70°$。

莲花山组：分布于矿区东南部及南西角，组成较陡峻的山脉地貌。

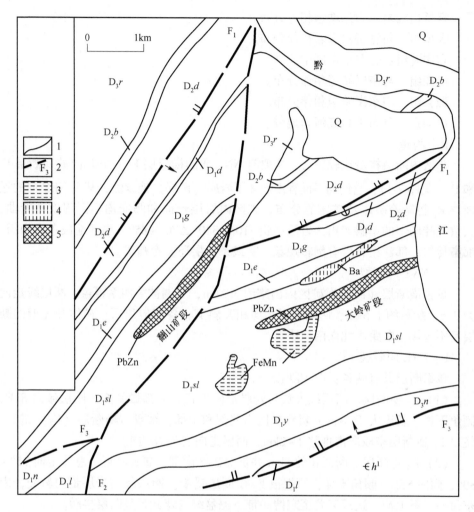

图 7-1 盘龙铅锌矿区地质简图

(据罗永恩，2014，修编)

Q—第四系；$D_3r$—上泥盆统融县组；$D_2b$—上泥盆统巴漆组；$D_2d$—中泥盆统东岗岭组；

$D_1d$—下泥盆统大乐组；$D_1g$—下泥盆统官桥白云岩；$D_1e$—下泥盆统二塘组；

$D_1sl$—下泥盆统上伦白云岩；$D_1y$—下泥盆统郁江组；$D_1n$—下泥盆统那高岭组；

$D_1l$—下泥盆统莲花组；$\epsilon h^1$—寒武系黄洞口组上段

1—地质界线；2—断层及编号；3—铁锰帽堆积范围；4—重晶石堆积范围；5—铅锌矿化范围

那高岭组：与莲花山组相伴分布。

郁江组：与那高岭组相伴分布。

上伦白云岩：分布于矿区中偏南东部。

二塘组：与上伦白云岩相伴分布。

官桥白云岩：与二塘组相伴分布。

大乐组：与官桥白云岩相伴分布。

东岗岭组：分布于矿区中北部。

巴漆组：与东岗岭组相伴分布。

融县组：与东岗岭组相伴分布。

第四系：分布于黔江河岸地带。

B　构造

矿区内断裂构造比较发育，主要有 NNE 向的横断层 $F_2$、NEE 向的逆断层 $F_1$ 和 $F_3$（见图 7-1），它们均不同程度破坏了岩层（矿层）连续性，其中 NEE 向的逆断层 $F_1$ 控制着矿体及矿床的分布。矿区内岩层走向和倾向均不同程度地弯曲，大致呈陡倾斜的单斜产出，岩层产状 310°~340° ∠70°~85°。局部地段莲花山组、那高岭组、郁江组岩层有倒转现象。寒武系地层还发育褶皱。

a　NNE 向断裂

盘古横断层（$F_2$）在矿区内出露约 3.3km，北端被第四系覆盖。断层线走向为 26°，断距约 1.5km，两侧岩层走向相互斜交，各相应岩层、矿体和先期的断层互不连接，断距由北向南渐小。

b　NEE 向断裂

该组断层共有两条：$F_1$ 和 $F_3$。

（1）$F_1$ 逆断层。断层线大致与岩层走向平行，局部微斜交。断层倾向 SSE，倾角不详。长度大于 5km 并贯穿矿区西北部和中部，被盘古横断层（$F_2$）错断，使得 $F_1$ 逆断层东段向南推移 1~2km，西段走向变为 NE 向。

（2）$F_3$ 逆断层。断层长约 5km 并贯穿矿区南部，属逆断层，总体走向 75°~80°，倾向 SSE，倾角不详，西端被 $F_2$ 横断层错断。断层线与岩层走向斜交，南东盘寒武系上冲，造成湾龙至东博一带下泥盆统与寒武系呈断层接触。

C　岩浆岩

无岩浆岩出露。

7.3.1.3　地球物理特征

A　岩石、矿石物性特征

根据测区物探工作情况和物性测定结果，综合分析该区地质、物探资料认为：该区白云岩、灰岩、砂岩一般无磁-极微弱磁、中高电阻率、低幅频率（$F_s$ < 2%），而热液石英岩或矿化白云岩则表现为中等强度电阻率及中高幅频率（$F_s$ 在 2%~4% 之间）；炭质泥岩具极低电阻率、极高幅频率（$F_s$ > 10%）；寒武系的变质砂岩磁性不均匀，可引起局部跳跃的磁场特征，磁异常无规律，低电阻率、稍高幅频率（$F_s$ 在 1%~3% 之间）；泥盆系的白云岩、灰岩磁性不均匀；铅锌矿则表现为中低电阻率及中高幅频率（$F_s$ 在 5%~8% 之间）。

B 地球物理场特征

a 电性特征

在测区选择有代表性的黏土层及铁锰堆积层各一条剖面，采用对称小四极（$AB=2m$，$MN=0.2m$，点距 0.2m）测定，黏土层极化率为 1.0% ~ 1.53%，电阻率为 531 ~ 1022Ω·m；铁锰堆积层极化率为 2.1% ~ 3.8%，电阻率为 623 ~ 875Ω·m。结合收集前人在该区测定的物性资料，统计资料见表 7-1。

表 7-1 盘龙大岭矿段、翻山矿段主要岩性电性特征统计表

| 岩矿石名称 | 极化率 $\eta$/% | | 电阻率 $\rho$/Ω·m | | 备注 |
|---|---|---|---|---|---|
| | 变化范围 | 平均值 | 变化范围 | 平均值 | |
| 铅锌矿石 | 15 ~ 31 | 23 | 542 | 542 | 前人测定资料 |
| 铅锌矿化白云岩 | 3 ~ 5 | 4 | | | 前人测定资料 |
| 黄铁矿化白云岩 | 8 ~ 10 | 9 | | | 前人测定资料 |
| 铁锰结核 | 11 | 11 | | | 前人测定资料 |
| 重晶石 | 3 ~ 5 | 4 | 7600 | 7600 | 前人测定资料 |
| 白云岩 | 0.8 ~ 1.2 | 1.0 | 3500 ~ 4000 | 3750 | 前人测定资料 |
| 泥质灰岩 | 1 ~ 1.5 | 1.25 | 2870 | 2870 | 前人测定资料 |
| 重晶石化白云岩 | 1.2 | 1.2 | | | 前人测定资料 |
| 炭质灰岩 | 3 ~ 7 | 5 | 800 ~ 1000 | 900 | 前人测定资料 |
| 灰岩 | 0.7 ~ 1 | 0.85 | 5000 ~ 6000 | 5500 | 前人测定资料 |
| 白云岩 | 0.47 ~ 2.0 | 1.3 | 432 ~ 1607 | 957 | 实测（标本测定） |
| 铅锌矿化白云岩 | 5.71 ~ 11.21 | 7.74 | 469 ~ 746 | 607 | 实测（标本测定） |
| 铅锌矿 | 15.44 ~ 25.68 | 19.86 | 230 ~ 555 | 412 | 实测（标本测定） |
| 第四系黏土 | 1.00 ~ 153 | 1.10 | 531 ~ 1022 | 659 | 实测（小四极测定） |
| 铁锰堆积表层 | 2.1 ~ 3.8 | 2.86 | 623 ~ 875 | 734 | 实测（小四极测定） |

从表 7-1 可见，白云岩、灰岩、泥质灰岩极化率为 0.85% ~ 1.25%（低极化率），电阻率为 2870 ~ 5500Ω·m（高阻）；黏土层极化率平均为 1.18%（低极化

率），电阻率平均为 659Ω·m（中阻）；铁锰堆积层极化率平均为 2.86%（中等强度），电阻率平均为 734Ω·m（中阻）；重晶石极化率为 4.0%（中等），电阻率为 7600Ω·m（高阻）；铅锌矿、铅锌矿化白云岩极化率分别为 19.23%、7.74%，平均为 17% 左右（高极化率），电阻率分别为 542Ω·m、412Ω·m、517Ω·m，平均为 490Ω·m 左右（中阻），与浮土接近，由此可见该区的铅锌矿、铅锌矿化白云岩为高极化率中等电阻率特征，围岩为低极化率、高阻特征，为开展激电普查提供有利条件和物理前提，另外，从地表铁锰堆积、重晶石、炭质灰岩也具有一定的高极化率特征，引起一些干扰异常，也存在不利的干扰因素。

b 激电异常特征

（1）大岭矿段。经激电中梯扫面，圈定的激电异常带异常强度较大，异常值变化范围为 2.0%～4.0%，背景值为 1.2%，异常边界为 1.75%。共圈定两组走向为 70° 的 $D\eta_1$、$D\eta_2$ 异常带（见图 7-2），$D\eta_1$ 异常由 $D\eta_{1-1}$、$D\eta_{1-2}$ 组成，异常下限为 1.75%，最大值为 3.0%，异常带长度为 530m，宽度约 55m，并向 NE 端延伸趋势。$D\eta_2$ 异常带与 $D\eta_1$ 异常带平行展布，规模较小，该异常下限为

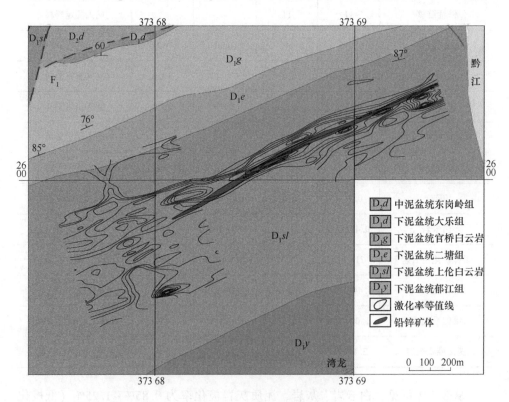

图 7-2 大岭矿段物探异常图

1.75%，最大值为 2.0%，异常长度 700m，宽度较窄小；约 25m。Dη₃ 异常带规模较大，连续性好，走向 70°，异常值较高，最大值达 3.75%，异常带长度 700m，宽约 100m，异常在 EW 两端未封闭，有向两端延伸趋势。

根据中梯圈定的激电异常带展布范围、走向及已知钻孔控制的矿体，结合测深剖面推断的极化体产状、埋深、投影地面获得两组走向 70°平行展布含矿带，认为该两含矿带连续性好，有一定的规模，并与圈定激电异常带吻合。

从已知钻孔控制矿体的深度、产状、形状及激电测深研究推断结果，该测区极化体均以顺层（近于直立产状）多呈复合薄板、脉状或透镜体产出，顶部埋深大致为 50~80m，132~170m。

（2）翻山矿段。经激电中梯扫面，该区背景值较低，平均为 0.8%，异常下限为 1.0%，异常值变化范围为 1.8%~2.4%。ηₛ 等值线平面图主要反映为两组激电异常带（见图 7-3），分别编号为 Dη₁、Dη₂，Dη₁ 由 Dη₁₋₁、Dη₁₋₂、Dη₁₋₃、

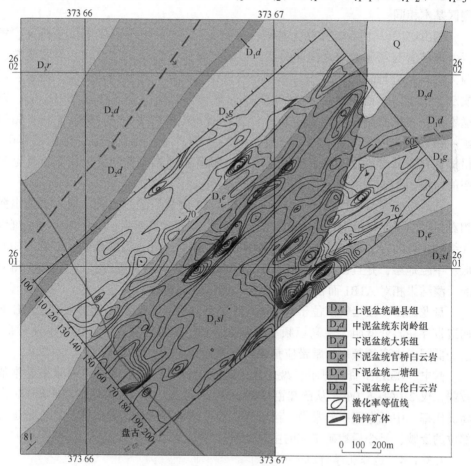

图 7-3　翻山矿段物探异常图

$D\eta_{1-4}$ 组成，该异常规模较大，异常下限为 1.0%，极大值为 1.8%，呈串珠状展布，走向 NE40°，异常长度达 1km，宽平均为 150m 左右，异常在 NE 端趋于封闭，西南端 $D\eta_{1-1}$ 异常较宽，未封闭，有向 WS 向延伸趋势。$D\eta_2$ 异常处在测区 SE 侧，由 $D\eta_{2-1}$、$D\eta_{2-2}$、$D\eta_{2-3}$ 三个局部异常组成，异常下限为 1.1%，极大值为 2.4%，该异常呈多个椭圆形包在一起，NE 向展布，$D\eta_{2-1}$ 异常强度较大，呈双黄蛋形状，异常长 450m，宽约 80m，$D\eta_{2-2}$ 规模较小，呈窄小条带状向 EN 向展布，长约 650m，宽平均为 40m，$D\eta_{2-3}$ 由 3 个小椭圆形体组成，长 600m，平均宽 60m。

根据中梯圈定的激电异常带展布范围，走向及已知钻孔控制的矿体，结合测深剖面推断的极化体产状，埋深投影地面，推断为 I$_1$、I$_2$、I$_3$、I$_4$ 4 组走向约 45°，平行展布的含矿带分布趋势，其中 I$_3$、I$_4$ 规模较小，连续性差；I$_1$ 规模较大，连续性好，为找矿有利地段。推断极化体产状形状顶部埋深等与大岭测区基本相同。

翻山矿段以物探 W24 线为基础，进行 CSAMT 的电场源供电试验研究，探索供电装置与场源效应之间的关系，以确定该矿区最优工作方式。经收集整理前人资料及进行岩（矿）石标本测定统计结果显示，矿区内白云岩、灰岩、泥质灰岩视电阻率范围为 432~6000Ω·m；黏土层视电阻率平均为 659Ω·m；铁锰堆积层视电阻率平均为 734Ω·m；重晶石视电阻率平均为 7600Ω·m；铅锌矿、铅锌矿化白云岩视电阻率分别为 412~607Ω·m。由此可见，区内铅锌矿、铅锌矿化白云岩表现为高极化率、中低电阻率，围岩表现为低极化率、高电阻率的特征。

从地质概况与物性特征可知，矿区内 W24 测线段经过之处，地表主要出露相对高阻的下泥盆统上伦白云岩深灰色白云岩、白云质灰岩；下伏为下泥盆统郁江组褐黄色泥岩、那高岭组浅灰绿色细砂岩，以及莲花山组的紫红色砂岩等相对低、中阻地层，并且区域断裂构造 F$_2$ 从测段约 130 m 附近穿过；可见 A2B2 得到的反演结果相对 A1B1 而言，更符合矿区的基本地质特征。

盘龙翻山矿段铅锌矿位于 NE 向构造带上，激电、CSAMT 测量发现沿 NE 向构造带存在多处低阻、中高幅频率异常，形成 NE 向低阻、中高幅频率异常带。这一低阻、中高幅频率异常带应是该区寻找铅锌矿的主要部位。

激电、CSAMT 资料显示，盘龙翻山矿段铅锌矿已知矿体部位幅频率异常值较弱，仅 2.0%~5.0%。从已知铅锌矿体向 NE 或 SW 在 NE 向构造带圈出 NE 向高极化率、中低电阻率异常带，经研究认为，该带是已知铅锌矿体、矿化带延伸部位的反映，是今后找矿工作的主攻地段。

### 7.3.1.4　地球化学特征

矿区地球化学异常处于 1:20 万化探扫面圈出的朋村-通挽 Pb、Zn 化探异常带中段。异常范围自矿区 NE 侧外围的朋村-矿区南西侧外围通挽，呈狭长带状分布，面积约 140km²，其异常外带的异常值分别为 Pb $80×10^{-6}$、Zn $150×10^{-6}$。异常中心的地层主要是中、下泥盆统，并与 NE 向断层及层间破碎带吻合较好。在异常带上，由 NE 至 SW 依次分布有朋村、古立、盘龙等大中型铅锌矿床及司律矿点。

盘龙翻山铅锌矿已知矿化岩石分析结果表明，该区铅锌矿化具有 Pb-Zn-$BaSO_4$ 组合，自基岩到地表土壤各元素呈规律性递减，可以在土壤表层形成中等含量的地球化学异常。

### 7.3.1.5　找矿进展

翻山矿段位于盘龙大岭矿段的南西面，从地层分布、成矿构造等特征来看，其与盘龙矿床近乎相同，只是被一条近 SN 向断层与盘龙矿床错开而一分为二，走向 135°~85°，倾角 70°~85°。翻山矿段长约 2500km，已大致控制的矿化带总长约 1500m。目前发现了 4 个含矿层，其中 1~3 矿层产出层位与大岭矿段相近，为上伦白云岩上部，4 矿（化）层（体）产于官桥白云岩（$D_1g$）底部。矿（化）体形态为似层状或透镜状，赋矿围岩为白云岩，矿（化）层（体）顶底板为白云岩或硅化白云岩，走向 135°~85°，倾角 70°~85°。除 17、25 线按 100m 斜深作倾向控制而未见矿外，其余各线均为单孔控制。1~3 矿（化）层又可分为八个矿（化）体。

全矿段均为零星小矿（化）体，唯一较大矿（化）体为（3）-3，长 225m，厚 2.51~5.52m，平均品位 Pb 0.54%、Zn 2.36%，虽为双孔控制，但只有 17 线为部分达工业要求，其余均为矿（化）体，且品位低。

民采的铅锌矿点 BT1 中见有两层铅锌矿体赋存于上伦白云岩（$D_1sl$）中，呈陡立的似层状产出，厚度品位分别为：0.76m/Pb 0.54%/Zn 9.14% 和 1.44m/Pb 0.86%/Zn 4.26%。

综合圈定的异常及激电测深研究反映异常显示特征认为：193~199/121 点（$D\eta_4$），249/129 点（$D\eta_{2-2}$），180/145 点（$D\eta_{5-3}$）附近，异常反应较明显，强度大，规律性好，深部反映的极化率分别为 2.0%、3.0%、5.0%，对应电阻率平均为 800~120Ω·m，为中阻特征，引起异常的极化源连续，显示了直立产状无限延伸板状体极化源特征，推断顶板埋深均为 60m，结合地质资料，在激电异常 NE 端 BT1 NE 施工 ZK2102 钻孔，见到三层似层状铅锌矿体。矿体形态为似层状或透镜状，赋矿围岩为白云岩。从上至下，1 号矿体厚度 2.42m，平均品位 Pb 0.57%，Zn 2.79%；最高品位 Pb 1.58%，Zn 4.19%。2 号矿体厚度 1.00m，平均品位 Pb 0.19%，Zn 0.88%。3 号矿体厚度 0.67m，平均品位 Pb 0.32%，Zn 2.97%。

### 7.3.1.6　主要认识

（1）盘龙翻山铅锌矿赋矿岩石为一套碳酸盐岩石的沉积岩类。铅锌矿化主要产在白云岩、白云石化灰岩中，矿化地段岩石碎裂岩化强，蚀变不强，显然受层位和断裂构造的双重控制。

（2）铅锌矿化主要与硅化、重晶石化、黄铁矿化相伴，并组成细网脉，矿化应属热液阶段的产物。激电中梯、激电测深、CSAMT 对深部铅锌矿体定位具有较好的指导作用。

综上所述，盘龙翻山铅锌矿矿体产于上伦白云岩层间部位，分布于 NNE 向构造旁侧，受 NE 向构造控制，呈 NE 向延伸。沿矿化带地段具的化探 Pb、Zn 异常，且具有明显激电规模大、分带明显、强度高，地表上均分布有铁锰帽及重晶石，该区找到大型以上铅锌矿床的可能性是很大的。

### 7.3.1.7 今后工作建议

1:5 万化探资料显示，盘龙翻山矿段处于波吉-司律成矿亚带上，分布有与断裂构造、含矿层位吻合良好的 Pb、Zn、Cu 元素化探异常，异常带在呈 NE 向延伸，长约 3km，宽 2~3km，以 Pb、Zn 异常为主，异常含量一般为 Pb $100\times10^{-6}$~$300\times10^{-6}$，Zn $100\times10^{-6}$~$300\times10^{-6}$。建议对异常带开展 1:1 万土壤剖面测量，以 100m×20m 测网加密采样，进一步圈定异常，并结合地质物探资料分析，对盘龙矿区外围的 16 线以东、30 线以西及翻山矿段及其东部地区进行研究评价，择优进行钻探验证和深部勘查。

## 7.3.2 双桂铅锌矿靶区

### 7.3.2.1 地理位置

双桂地区位于广西壮族自治区来宾市武宣县二塘镇北东约 15km 双桂至波耀一带，行政区划属武宣县二塘镇管辖，面积 8km²。自二塘镇有来马高速公路和国道可以通达来宾市武宣县、象州县，二塘镇至矿区有县乡公路可达，矿区内有村级公路相通，交通比较方便。矿区大部分属森林喀斯特景观，植被覆盖严密，残坡积层厚，找矿工作难度较大。

### 7.3.2.2 地质简况

A 地层

出露泥盆系地层，断裂构造极为发育，该区赋矿地层主要为下泥盆统上伦白云岩、二塘组的白云岩夹灰岩（见图 7-4），为大瑶山西侧铅锌成矿带和广西重要的铅锌矿含矿层位，该区赋矿白云岩具有厚度大、分布广的特点。

B 构造

矿区位于永福-东乡深大断裂带西侧，主体构造为近 SN 向构造（见图 7-4），其次为 NW 向构造。矿区下古生界上泥盆统组成走向为 NW 向、向西倾的单斜地层，倾角一般为 15°~30°。矿区层间错动构造较发育，并沿近 SN 向构造带形成蚀变矿化现象。与该矿有关的主要构造为层间构造。

该区蚀变现象普遍，蚀变带走向 SN 北向，长达 4~5km。蚀变类型包括硅化、碳酸盐化、黄铁矿化。

C 岩浆岩

该区无岩浆岩出露。但据航磁、重磁资料，推测在矿区北东面约 15km 处有隐伏花岗岩体。它们与成矿有一定的联系。

#### 7.3.2.3 地球化学特征

1:20 万区域化探（水系沉积物测量）扫面结果显示，测区有较好的 Pb、Zn、Cu、Ag、Ba 等元素异常，其中尤以 Pb、Zn、Cu、Ba 元素异常最为发育。1:5 万化探结果表明该区存在较好的 Pb、Zn、Cu 元素异常，异常值 Pb 最高达 $1968.7 \times 10^{-6}$，Zn 最高达 $1848.0 \times 10^{-6}$。异常与区内含矿岩层与下泥盆统上伦白云岩、二塘组、官桥组白云岩的分布吻合良好。

#### 7.3.2.4 找矿进展

通过地质填图、槽探揭露和民窿调查，发现了具有一定规模的①、②、③、④、⑤、⑥号 6 个矿体（见表 7-2）。

①号矿体：位于矿区北面，控矿工程为 BT4201，该矿体位于波耀村南面的小山包上，产于 $D_1sl$ 地层中的小断层中，见地表隐约延伸长度大约 100m，矿体产状 95°∠21°，矿体真厚度大于 1.17m（因当地村民阻拦，不让施工，故未能进一步揭穿体底板），含 Pb 0.94%~18.15%，含 Zn 4.90%~6.05%，含矿岩石为破碎白云岩；

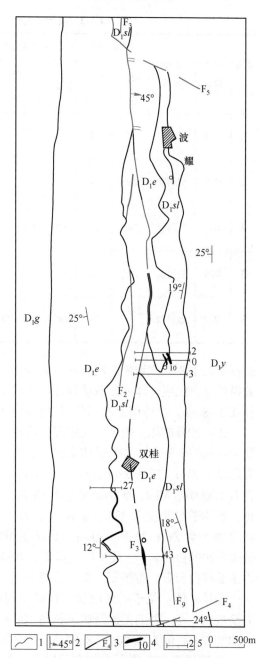

图 7-4 双桂铅锌矿区地质简图
（据罗永恩，2013，修编）

$D_1g$—下泥盆统官桥白云岩；$D_1e$—下泥盆统二塘组；
$D_1sl$—下泥盆统上伦白云岩；$D_1y$—下泥盆统郁江组
1—地质界线；2—逆断层及编号；3—平移及推测断层编号；
4—铅锌硫化矿体及编号；5—勘探线位置及编号

表 7-2  双桂矿区矿（化）体特征表

| 矿体号 | 矿体位置 | 矿体形状 | 矿体产状 | | 矿体规模/m | | | | 矿石品位/% | | | | | | 备注 |
|---|---|---|---|---|---|---|---|---|---|---|---|---|---|---|---|
| | | | 倾向/(°) | 倾角/(°) | 长度 | 厚度 | | | Pb | | | Zn | | | |
| | | | | | | 最大 | 最小 | 平均 | 最高 | 最低 | 平均 | 最高 | 最低 | 平均 | |
| ① | D₁sl | 脉状 | 95 | 21 | | | | 1.17 | 18.15 | 0.94 | 10.80 | 6.05 | 4.90 | 5.28 | 单工程见矿 |
| ② | D₁sl | 似层状 | 280 | 34 | | | | 1.31 | | | 0.54 | | | 6.58 | 单工程见矿 |
| ④ | D₁e | 似层状 | 245 | 20 | 260 | 1.32 | 0.53 | 0.93 | | | | 8.72 | 2.80 | | 两工程见矿 |
| ⑤ | D₁sl | 似层状 | 275 | 44 | | | | 2.70 | 0.78 | 0.32 | 0.42 | 2.0 | 0.46 | 1.09 | 单工程见矿 |
| ⑥ | D₁sl | 似层状 | 277~285 | 21 | 200 | 2.33 | 0.79 | 1.56 | 10.20 | 0.84 | 3.48 | 7.00 | 1.22 | 5.07 | 两工程见矿 |

矿石矿物主要有方铅矿、闪锌矿、黄铁矿，脉石矿物主要有白云石、方解石等。方铅矿呈斑状集合体或星散状分布，斑状集合体直径 0.5~2.0cm，闪锌矿单体粒径 0.5~8mm。矿体南北两端分别为农田和村庄。

②、⑥号矿体：位于矿区中部铜鼓岭一带，矿体产于上伦白云岩（D₁sl）地层的层间破碎带中。②号矿体见矿工程有 ML1，矿体走向呈近 SN 向，长 200m，真厚度 1.31m，产状 280°∠34°，含 Pb 0.54%，含 Zn 6.58%。⑥号矿体控矿工程有 TC0001、ML2，矿体走向呈近 SN 向，长 200m，其地表铅锌矿体有少部分氧化，矿体平均厚度 2.33m，矿体产状为 277°~285°∠17°~21°，含 Pb 0.84%~10.20%，含 Zn 1.22%~7.00%，延深至 ML2 处真厚度变为 0.79m，含矿岩石为带破碎状的白云岩，主要矿物闪锌矿、方铅矿、黄铁矿及其部分氧化物，脉石矿物主要有白云石、方解石、重晶石等。

④号矿体：位于矿区南面，控矿工程有 BT3101（见图 7-5）、TC3501，走向呈近 SN 向，两工程控制矿体长约 200m，厚 0.53~1.32m，矿体产状为 245°∠20°，Zn 品位为 2.80%~8.72%，矿体顺层产出，为一产于下泥盆统二塘组（D₁e）地层下部灰岩所夹的白云岩中，含矿岩石为略带破碎的白云岩，主要矿石矿物为闪锌矿、褐铁矿，脉石矿物主要有白云石、方解石。

⑤号矿体：位于矿区南面，见矿工程有 BT4301，矿体产于 D₁sl 地层中的层间破碎带中，走向呈近 SN 向，长度 320m，从 BT4301 处看，矿体含矿不太均匀，总体品位不高，但矿化体矿化厚度相对较大，且发现局部较富，已控制真厚度

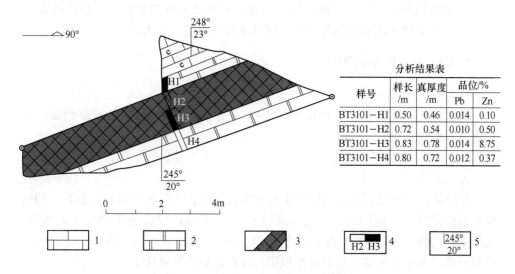

| 分析结果表 | | | | |
|---|---|---|---|---|
| 样号 | 样长/m | 真厚度/m | 品位/% | |
| | | | Pb | Zn |
| BT3101-H1 | 0.50 | 0.46 | 0.014 | 0.10 |
| BT3101-H2 | 0.72 | 0.54 | 0.010 | 0.50 |
| BT3101-H3 | 0.83 | 0.78 | 0.014 | 8.75 |
| BT3101-H4 | 0.80 | 0.72 | 0.012 | 0.37 |

图 7-5　双桂铅锌矿区 BT3101 素描图

（据黄大放等人，2006，修编）

1—灰岩；2—白云岩；3—锌矿体；4—基本分析样及编号；5—产状

2.70m（因 BT4301 东西两侧浮土覆盖厚，未能揭穿矿体底板），矿体产状为260°∠44°，含 Pb 0.32%~0.78%，含 Zn 0.46%~2.0%，深部控矿工程 ZK4301 未见矿。含矿岩石为破碎白云岩，金属矿物主要有闪锌矿、方铅矿、黄铁矿等，脉石矿物主要有白云石、方解石、重晶石等。平均品位 2.80%~8.72%，矿体顺层产出，为一产于下泥盆统二塘组（$D_1e$）地层下部灰岩所夹的白云岩中，含矿岩石为略带破碎的白云岩，主要矿石矿物为闪锌矿、褐铁矿，脉石矿物主要有白云石、方解石。

#### 7.3.2.5　成矿条件与找矿前景分析

总体上看，该区具有良好的成矿地质条件，具有与铅锌矿成矿有利的层位、岩性。后期构造活动强烈，为矿质运移、富集提供了空间，深部的岩浆活动为矿质的运移、富集提供了热动力条件，化探异常分布面积大，且与矿床（点）套合好，物探激电异常显著，显示出良好的找矿前景，层间滑动带十分发育，局部岩层风化又较深，地表堆积褐铁矿、重晶石等。因此，作者认为深部有隐伏断裂存在，推测深部可能有厚而富的矿体存在。其中，区内双桂、铜鼓岭、鸡冠岭一带找矿潜力大，预测具有寻找到大中型规模的铅锌矿床。

#### 7.3.2.6　今后工作建议

（1）矿区工作主要是地表，少量浅部工程进行验证，工作程度尚低。对化探异常分布面积大，且与矿床（点）套合好的地段开展物探激电工作，在异常显著的地段结合地质资料，施以钻探验证，并对已发现的矿体进行深部勘查。

（2）对矿区北部和南部外围的化探异常进行查证，扩大矿区远景。

### 7.3.3  南洞铅锌矿靶区

#### 7.3.3.1  地理位置

靶区位于广西武宣县二塘镇 NE 向 15km 处，面积 10km²，行政区划属广西武宣县二塘镇管辖。

#### 7.3.3.2  地质简况

**A  地层**

靶区区内出露地层从东往西依次有官桥白云岩、大乐组白云石化灰岩、四排组灰岩夹泥岩、东岗岭组灰岩（见图 7-6），主要赋矿层位为下泥盆统大乐组。地层基本上倾向 W、NW，倾角一般为 25°左右，呈单斜产出。在 $D_1d$ 、$D_1g$ 风化面上零星分布含铁锰质重晶石堆积层，局部富集铅锌氧化矿。

**B  构造**

近 SN 向的永福-东乡区域性深大复合断裂从矿区西侧通过，其旁侧伴生发育的 NE 向及近 SN 向断裂控制着铅、锌、铜、重晶石等矿产的分布。区内含矿构造主要为近 SN 向断裂构造的次级构造（见图 7-6），岩石受到较强的白云岩化方解石、方解石、重晶石化、黄铁矿化等蚀变，层间滑动构造发育。断裂的控矿导矿作用是显而易见的，似层状矿体与层间滑动带有密切的关系。

**C  岩浆岩**

该区无岩浆岩出露。但据航磁、重磁资料，推测在矿区北东面约 15km 处有隐伏花岗岩体。它们与成矿有一定的联系。

#### 7.3.3.3  地球化学特征

1∶20 万区域化探（水系沉积物测量）扫面结果显示，测区有较好的 Pb、Zn、Cu、Ag、Ba 等元素异常，其中尤以 Pb、Zn、Cu、Ba 元素异常最为发育，异常与区内含矿岩层——下泥盆统官桥白云岩、大乐组的分布吻合良好。

通过 1∶1 万土壤剖面测量工作，发现有较好的铅锌化探异常，异常主要沿含矿层位及控矿构造带上分布。该矿段的 Pb、Zn 异常主要沿大乐组（$D_1d$）含矿层位及控矿构造带 $F_9$、$F_{12}$ 上分布，主要异常带长 4km，宽 50～200m，异常形态呈狭长带状，局部地段具有较好的浓集中心，最高异常值 Pb $7350.0×10^{-6}$、Zn $3431.2×10^{-6}$。

#### 7.3.3.4  找矿进展

通过地质填图和槽探揭露，发现了具有一定规模的①、②、③、④、⑤、⑥、⑦号共 7 个铅锌矿（化）体。矿体主要产于近 SN 向的断裂带中及旁侧下泥盆统官桥白云岩、大乐组白云岩中，呈脉状或似层状矿体与围岩界线较明显，层位、构造、岩性是主要控矿因素。发育于断裂破碎的矿体多呈陡脉状,而其附近白云岩中的矿体多呈似层状。

①号矿体:位于矿区西南部,长320m,地表控矿工程有BT7,矿体厚1.12m,品位Pb 1.16%, Zn 0.012%,矿体产于中泥盆统四排组($D_2s$)中部$F_{12}$南端的灰岩中,矿体形态为似层状,产状260°∠34°。矿体沿走向南北两端未封闭。

②-1号矿体:位于矿区北部,地表工程揭露矿体长380m,地表控矿工程有TC19、TC16、TC15,矿体厚1.41~3.70m,平均2.56m,平均品位Pb 0.72%, Zn 0.16%,矿体产于$F_{12}$断裂破碎带中,矿体形态为脉状,倾向90°~95°,倾角78°~80°,围岩是大乐组($D_1d$)白云岩。矿体沿走向南端已圈闭,北端尚未封闭。

②-2号矿体:位于矿区中北部,地表工程揭露矿体长600m,地表控矿工程有TC15、BT6、BT8、TC12,矿体厚1.47~5.36m,平均3.41m,平均品位Pb 2.33%, Zn 2.72%,矿体产于$F_{12}$断裂破碎带中,矿体形态为脉状,倾向70°~98°,倾角68°~71°,围岩是大乐组($D_1d$)白云岩。矿体沿走向已圈闭。

③-1号铅锌矿体:位于矿区南部,地表工程控制矿体长310m,地表控矿工程有TC5,矿体厚1.15m,品位Pb 0.53%, Zn 1.86%。矿体产于下泥盆统大乐组($D_1d$)顶部$F_{12}$南端的白云岩中,矿体形态为似层状,产状260°∠35°。

③-2号铅锌矿体:位于矿区南部,矿体长320m,地表控矿工程有TC7,厚1.43m,品位Cu 0.64%。矿体产于下泥盆统大乐组($D_1d$)顶部$F_9$旁侧的白云岩中,矿体形态为似层状,产状265°∠40°。

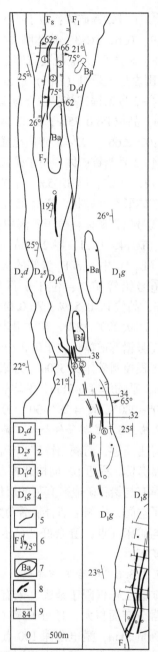

图 7-6  南洞铅锌矿区地质简图
(据罗永恩,2013,修编)
1—中泥盆统东岗岭组;2—中泥盆统四排组;
3—下泥盆统大乐组;4—下泥盆统官桥白云岩;
5—地质界线;6—逆断层及编号;
7—重晶石堆积范围;8—铅锌硫化矿体及编号;
9—勘探线位置及编号

④-1号铅锌矿体：位于矿区南部，地表工程揭露矿体长540m。地表控矿工程有TC9、TC6、TC13，矿体厚1.74~6.44m，平均4.09m，平均品位Pb 1.19%，Zn 1.00%，矿体产于$F_9$断裂破碎带中，矿体形态为脉状，倾向90°~95°，倾角70°~75°，围岩是大乐组（$D_1d$）白云岩。矿体沿走向已圈闭。

④-2号铅锌矿体：位于矿区南部，矿体长320m，地表控矿工程有TC7，厚5.24m，品位Pb 0.75%，Zn 0.14%。矿体产于$F_9$断裂破碎带中，矿体形态为脉状，产状102°∠66°。矿体沿走向已圈闭。

④-3号铅锌矿体：位于矿区南部，地表工程揭露矿体长310m，地表控矿工程有TC18、TC22，厚3.05m，品位Pb 0.43%，Zn 0.24%。矿体产于$F_9$断裂破碎带中，矿体形态为脉状，产状85°∠73°。矿体沿走向已圈闭。

⑤号铅锌矿体：位于矿区中部，地表工程控制矿体长380m，地表控矿工程有TC20、TC14、TC21，厚2.57m，品位Pb 1.53%，Zn 1.10%。矿体产于下泥盆统大乐组（$D_1d$）中上部$F_9$旁侧的灰岩中，矿体形态为似层状，产状260°∠28°。

⑥号铅锌矿体：位于矿区南部，矿体长320m，地表控矿工程有BT9，厚1.48m，品位Pb 0.53%，Zn 0.085%。矿体产于$F_{13}$旁侧的白云岩中，矿体形态为似层状，产状290°∠27°。矿体沿走向未圈闭。

⑦号铅锌矿体：位于矿区东部，产于下泥盆统大乐组（$D_1d$）底部的灰岩中，地表工程控制矿体长560m，地表控矿工程有TC22、BT10、BT5、TC24，厚0.44~1.12m，平均厚度0.78m，平均品位Pb 0.44%，Zn 2.46%；矿体形态为似层状，倾向260°~280°，倾角28°~30°。矿体沿走向已圈闭。

### 7.3.3.5 成矿条件与找矿前景分析

综上所述，南洞铅锌矿产于白云岩、白云质灰岩中，矿体主要分布于近SN向构造带旁侧，受近SN向构造控制，呈近SN向延伸。矿区具有良好的成矿地质条件，具有与铅锌矿成矿有利的层位、岩性，后期构造活动强烈，为矿质运移、富集提供了空间，推测深部岩浆活动为矿质的运移、富集提供了热动力条件，化探异常分布与矿床（点）套合好，显示出良好的找矿前景，预测可找到中型以上规模的铅锌矿床。

### 7.3.3.6 今后工作建议

矿区工作仅限于地表，未有浅部或深部工程进行验证，工作程度尚低。对化探异常分布面积大，且与矿床（点）套合好的地段按照200m间距开展激电中梯剖面测量5km，激电测深100点，在异常显著的地段结合地质资料，施以钻探验证，并对已发现的矿体进行深部勘查。

### 7.3.4 那界铅锌矿靶区

### 7.3.4.1 地理位置

靶区位于广西武宣县二塘镇NE方向10km处那界—古远村一带，面积约6km²。

### 7.3.4.2 地质简况

**A 地层**

矿区出露下泥盆统郁江组（$D_1y$）粉砂岩、砂岩夹泥岩，上伦白云岩（$D_1sl$）、二塘组（$D_1e$）白云岩夹灰岩（见图7-7），该区赋矿层主要为下泥盆统上伦白云岩，该区赋矿白云岩具有厚度大、分布广的特点。

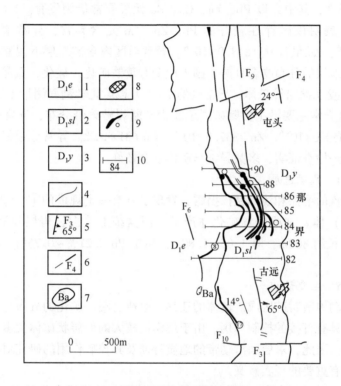

图 7-7 那界铅锌矿区地质简图

（据罗永恩，2013，修编）

1—下泥盆统二塘组；2—下泥盆统上伦白云岩；3—下泥盆统郁江组；

4—地质界线；5—正断层及编号；6—平移及推测断层编号；

7—重晶石堆积范围；8—铅锌氧化矿体及编号；

9—铅锌硫化矿体及编号；10—勘探线位置及编号

**B 构造**

该区构造位置属永福-东乡深大断裂带西侧，主体构造为近 SN 向（见图7-7）。矿区地层为 NW 向，向西倾的单斜地层，倾角一般 14°~24°。矿区断裂构造及层间滑动构造极为发育，并沿近 SN 向构造带形成蚀变矿化现象。

该区蚀变现象普遍，蚀变带走向近 SN 向，长达 4km。蚀变类型包括硅化、白云石化、重晶石化、黄铁矿化。

C  岩浆岩

该区无岩浆岩出露。但据航磁、重磁资料，推测在矿区 NE 面约 15km 处有隐伏花岗岩体。它们与成矿有一定的联系。

### 7.3.4.3  地球化学特征

1：20 万水系沉积物测量扫面结果显示，测区有较好的 Pb、Zn、Cu、Ag、Ba 等元素异常，其中尤以 Pb、Zn、Cu、Ba 元素异常最为发育。1：5 万化学剖面测量结果表明该区存在较好的 Pb、Zn、Cu 元素异常，异常值 Pb 最高达 $1968.7 \times 10^{-6}$，Zn 最高达 $1848.0 \times 10^{-6}$。异常与区内含矿岩层下泥盆统上伦白云岩、二塘组地层的分布吻合良好。围岩蚀变有黄铁矿化、硅化、重晶石矿化。经检查，Hs-8 发现铜铅锌矿体。异常区的 1：1 万地球化学剖面测量工作结果显示：Pb、Zn 元素异常主要沿主要赋矿层位及含矿断裂破碎带分布，异常强度高，Pb 最大值为 $7350.0 \times 10^{-6}$、Zn $7332.5 \times 10^{-6}$、Cu $631 \times 10^{-6}$。异常分带好，并具明显浓集中心，经检查证实，多数异常与矿体吻合较好。

### 7.3.4.4  找矿进展

通过稀疏的槽探和浅部钻探揭露，发现了具有一定规模的①、②、③、④号铅锌矿（化）体。这些铅锌矿化体产于下泥盆统上伦白云岩层间滑动构造中，矿（化）体长约 800m，厚 1.05~1.80m，品位 Pb 0.21%~0.75%、Zn 0.53%~5.78%。

### 7.3.4.5  主要认识

层间滑动构造对矿区成矿流体的迁移、改造富集、矿化的分布范围及矿体的产出位置等具有直接的控制作用。由于规模比较大的似层状矿体大多是赋存在层间滑动带中，因此，对层间滑动带的地质特征及其控矿作用的研究对指导矿床勘查过程中具有重要的现实意义。

该区层间滑动带发育，局部岩层风化又较深，地表堆积褐铁矿、重晶石等。因此，笔者认为深部有隐伏断裂存在，推测深部可能有厚而富的矿体存在，预测可找到中型规模的铅锌矿床。

### 7.3.4.6  今后工作建议

（1）对目前异常、硅化矿化集中地段 82~90 线开展 1：2000 地质草测，面积 2km²；通过 88 线、85 线开展激电测深 50 点；对已发现 4 个矿化体沿倾向进一步控制。

（2）对矿区西北部和东南部外围的化探异常进行查证，扩大矿区远景。

### 7.3.5  古富铅锌矿靶区

#### 7.3.5.1  地理位置

古富铅锌矿位于广西壮族自治区武宣县二塘镇北东方位约 13km 小林—古

富一带，面积约 5km²，行政区划属二塘镇管辖。自矿区北部有乡村两级公路可通往象州县妙皇乡、南部有乡村两级公路可通往武宣县二塘镇，交通尚属便利。

### 7.3.5.2　地质简况

#### A　地层

矿区出露地层为下泥盆统上伦白云岩，二塘组白云岩夹灰岩，大乐组灰岩（见图 7-8），含矿地层为下泥盆统上伦白云岩（$D_1sl$）。矿区地岩层主要呈单斜构造，倾向 280°~320°，倾角较平缓，多在 10°~25° 之间，但局部有起伏，倾向波动较大，甚至有倒转。

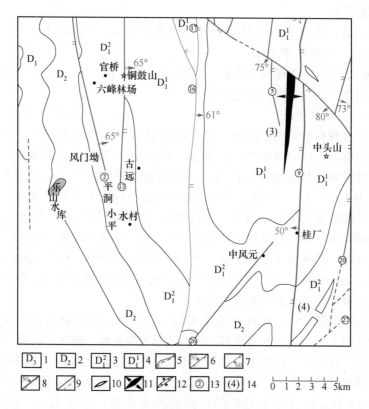

图 7-8　古富铅锌矿区地质简图

1—上泥盆统；2—中泥盆统；3—下泥盆统上亚层；4—下泥盆统下亚层；5—实推测地质界线；

6—逆断层及倾角；7—正断层及倾角；8—大断层及倾角；9—实、推测性质不明断层；

10—基性或煌斑岩脉；11—背斜轴；12—向斜轴；13—断层编号；14—褶皱编号

#### B　构造

#### a　褶皱

北东角有一个背斜，轴部近 SN 向；南东角有一个向斜，轴部 NE 向。

b　断裂

矿区内主要发育有三组断裂，以近 SN 向断裂较为发育（见图 7-8）。

（1）近 SN 向⑨号的断层分布于矿区东部，即为区域上的永福-东乡断裂的一部分，由于该断裂的活动，在区域上造成了那高岭组与二塘组、上伦组地层的断层接触关系，并使那高岭组重复出现。

（2）NW 向断裂：分布于矿区北东部，区域上长度大于 25km，在矿区内造成郁江组与上伦白云岩的断层接触关系，切割近 SN 向断裂。

（3）北东向断裂：分布于矿区南东部，为凭祥-大黎深大断裂的次级断裂，与铅锌矿化不明显。产状不明。

C　岩浆岩

矿区未见岩体出露，航磁推测深部存在隐伏岩体，埋深较大。

### 7.3.5.3　地球化学特征

1∶20 万综合异常展布与构造、层位及已知矿床（点）吻合较好。重晶石化、白云石化、硅化等蚀变矿化强烈。

### 7.3.5.4　找矿进展

古富矿点现有两个采矿民窿，均见有似层状铅锌矿体产出。

①号铅锌矿体：由老采坑 MD1 控制。MD1 应有 20 年以上开采史，采出矿石数千吨，见矿体总体呈似层状产出，赋矿围岩为下泥盆统上伦白云岩（$D_1sl$），大致产状为 300°∠15°。主要金属矿物有方铅矿、闪锌矿及其氧化物，铅锌矿物呈细脉状、团块状充填岩石裂隙，氧化程度约 40%，闪锌矿主要为浅棕色，细-中粒。采坑极不规则，垂直深（厚）度大于 15m，能够取样的约 12m。根据取样分析结果计算，控制矿体厚 9.93m，平均品位 Pb 1.04%，Zn 2.50%，最高品位 Pb 4.63%，Zn 3.88%。而采矿井近似于暗井，矿体近似于隐伏，在采坑的各个方向上仍见有矿化，有较大的找矿潜力。

②号黄铁闪锌矿体：MD2 为近年来始采的民窿，见矿体呈似层状产出，赋矿层位为下泥盆统上伦白云岩顶部，赋矿围岩为白云岩，但顶底板均为薄-中层泥质灰岩，层位在①号矿体之上，产状 290°∠17°。主要金属矿物为闪锌矿和黄铁矿，呈细脉状、条带状、团块状顺层产出，闪锌矿主要为半透明状的淡黄色，结晶粗大（5～15mm），与①号矿体特征有明显不同。厚 1.41m，平均品位 Pb 0.0075%，Zn 2.05%，最高品位含 Zn 3.44%。

### 7.3.5.5　主要认识

（1）古富铅锌矿赋矿岩石为白云岩、灰岩，铅锌矿化一般产于断裂破碎带或下泥盆统 $D_1sl$、$D_1e$、$D_1d$ 层间破碎带中及旁侧的裂隙中，矿化地段岩石碎裂岩化强，节理裂隙发育，蚀变较强，显然受层位和断裂构造的双重控制。

（2）铅锌矿化主要与硅化、黄铁矿化、重晶石矿化相伴，并组成浸染状、细网脉，矿化应属热液阶段的产物。

#### 7.3.5.6 今后工作建议

（1）矿区范围内开展 1：1 万地质测量，面积 5km²。研究矿区成矿条件和控矿因素，确定矿化富集地段。

（2）建议以①号铅锌矿体为中心，向南、向北各 500m，按照 200m 间距开展槽探工作和激电中梯剖面测量（观测点距 200m）和激电测深（点距 50m）工作，预计工作量槽探 2000m³，1：2000 激电中梯 5km，激电测深 100 点，并择优进行钻探验证。

### 7.3.6 马黎铅锌矿靶区

#### 7.3.6.1 地理位置

靶区位于广西象州县妙皇乡 NE 向 8km 处马黎村一带，面积约 5km²，行政区划受广西象州县妙皇乡管辖。

#### 7.3.6.2 地质简况

A 地层

出露地层为下泥盆统上伦白云岩，二塘组白云质灰岩（见图 7-9），含矿地层为下泥盆统上伦白云岩（$D_1sl$），赋矿围岩为破碎白云岩、石英脉。

B 构造

该区处于来宾凹陷带与大瑶山隆起两大构造单元交汇带上，为大瑶山西侧铜铅锌成矿带中段，永福-东乡断裂在 1：5 万化探 V 号水系沉积物异常（即马黎异常）区中西部呈 SN 向穿过，矿区发育有近 SN 向和 NNW 向断裂（见图 7-9），断裂对矿化区地层和矿化体均起到导矿和容矿作用。

C 岩浆岩

矿区未见岩体出露，航磁推测深部存在隐伏岩体，埋深较大。

#### 7.3.6.3 地球化学特征

1：5 万综合异常和 1：1 万化探剖面异常展布与近 SN 向构造、含矿层位及已知矿体吻合较好。区内已发现有 4 个铜铅锌银矿体产出，各矿体仅有少量地表工程揭露，走向上没有圈闭，深部无工程验证或控制，具有进一步开展勘查工作的充足依据。

#### 7.3.6.4 找矿进展

通过地质填图和槽探揭露，发现 4 个铜铅锌银矿体产出。

①号矿体：由 TC1-东和 BT5 控制。对 304 线浓集中心施工 TC1 进行揭露，TC1-东中发现有明显脉状特征的铜铅锌矿（化）体，该处位于 $F_2$ 与 $F_3$ 断层交汇处附近，所见矿（化）体倾向 243°~276°，倾角 69°~76°，矿化带宽 6m，矿体厚 2.11m，矿石品位：Pb 0.35%，Zn 0.56%，Ag 97g/t。顶板围岩为上伦白云岩，底板围岩为二塘组白云质灰岩，赋矿围岩为破碎白云岩、石英脉。褐铁矿化

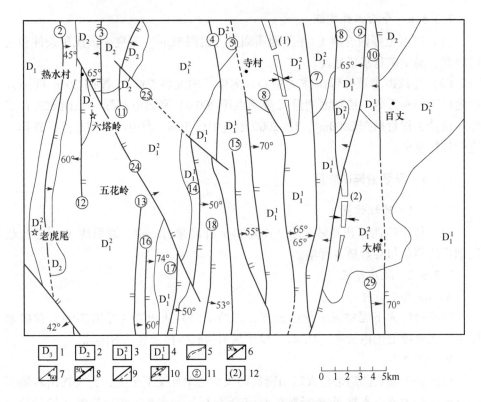

图 7-9 马黎铅锌银矿区地质简图

1—上泥盆统；2—中泥盆统；3—下泥盆统上亚层；4—下泥盆统下亚层；
5—实推测地质界线；6—逆断层及倾角；7—正断层及倾角；8—大断层及倾角；
9—实、推测性质不明断层；10—向斜轴；11—断层编号；12—褶皱编号

最明显，含量达 10%~30%；其次较明显的有方铅矿化，粒度较细，金属光泽强；见少量铁闪锌矿化，铜矿化较零散，与石英脉关系密切。

BT5 中见有石英脉，大致倾向 245°，倾角 78°，具有强烈的褐铁矿化，含量占 50%，而整条石英脉风化较深，顶底板均为浮土，且地处大路中间，不便更深揭露。根据周围地质情况，此处应为 $F_3$ 通过之处，也是该区综合异常强度最高之处。厚度 1.35m，含 Cu 0.44%，Pb 0.79%，Zn 0.65%，Ag 219g/t。

②号矿体：TC4 西在上伦白云岩中见有褐铁矿体，厚 5.64m，含 Zn 0.60%，Ag 148g/t，其间夹有层状风化白云岩显示了具有似层状的特征。

③号矿体：TC5 中见一褐铁矿脉，产于上伦白云岩中，倾向 103°，倾角 80°，厚 0.88m，矿石品位：Pb 0.60%，Zn 2.44%，Ag 47g/t。矿脉中及下盘白云岩可见强烈的黄铁矿、白铁矿化，上盘围岩已经剥蚀。

④号矿体：在 TC6 中见有几条平行分布的石英脉，其产状与西侧白云岩基本一致，白云岩中也见有强烈的似层状硅化，因此应为硅化白云岩的风化产物，而

白云岩中也常具有细脉状的褐铁矿化。分析结果有 Pb、Ag 矿化，倾向 260°，倾角 30°，厚 1.18m，矿石品位：Pb 0.54%，Ag 74.5g/t。

另外，TC6 西端硅化白云岩露头中也见有黑色皮壳褐铁矿发育，取捡块样分析，含 Cu 0.012%，Pb 0.092%，Zn 2.38%，Ag 21g/t。

#### 7.3.6.5 主要认识

（1）马黎铜铅锌银矿赋矿岩石为硅化白云岩和石英脉。铜铅锌银矿化主要产在断层交汇处附近的破碎白云岩、石英脉中，矿化地段岩石风化强烈，蚀变较强，显然受层位和断裂构造的双重控制。

（2）铜铅锌银矿化主要与硅化、黄铁矿化、白铁矿化、褐铁矿化相伴，并组成细网脉，矿化应属热液阶段的产物。

#### 7.3.6.6 今后工作建议

区内已发现有 4 个铜铅锌银矿体，各矿体仅有少量地表工程揭露，走向上多未能圈闭，深部也无工程验证或控制，具有进一步开展勘查工作的充足依据。该区矿点明显受永福-东乡断裂构造控制，但与一定的地层层位有关，与成矿有关的黄铁矿化、硅化、褐铁矿化较普遍，说明热液活动强烈，有形成中型以上铅锌银的有利条件，通过大比例尺地质测量，高密度电法（测网 25m×4m；800 点）、对称四极激电扫描（测网 50m×20m；300 点）、中间梯度激电扫面（测网 200m×40m；500 点）、激电测深工作（点距 50m；130 点），预计工作量高密度电法 3.5km，对称四极激电扫面 6km，1:2000 中间梯度激电扫面 21km，激电测深工作 2.5km，并择优进行钻探验证和加强深部勘查。

### 7.3.7 盘古铜铅锌银矿靶区

#### 7.3.7.1 地理位置

盘古铜铅锌银矿靶区位于来宾市象州县城南东方向 150°，妙皇乡东南约 15km 的盘古—大梭一带，面积 22km²，行政区划属妙皇乡管辖，有乡道 034 由北向南贯穿整个预测区，自预测区西北部有乡道公路可通往象州县，交通较便利。

#### 7.3.7.2 地质简况

A 地层

矿区内出露地层有：下泥盆统莲花山组（$D_1l$）紫、紫红色薄至厚层状细砂岩、粉砂岩夹石英砂岩；郁江组（$D_1y$）浅红色薄至中层状泥质粉砂岩夹灰黄、暗红色中层状石英砂岩、灰绿薄层状泥岩，产双壳类化石；上伦白云岩（$D_1sl$）深灰、浅灰色薄至厚层状白云岩、泥质灰岩、含生物屑灰质白云岩，产珊瑚、贝壳、藻类、苔藓等化石，是铅矿（化）体的主要赋矿地层；二塘组（$D_1e$）深灰、浅灰色中至厚层状含生物屑灰岩、泥质灰岩、泥灰岩及灰绿薄层状泥岩，底部夹细粒岩屑长石砂岩，产珊瑚、介形类、双壳类、棘屑等化石；临桂组（$Ql$）浅黄、黄色，含砂砾黏土，结构松散。

B 构造

地层产状为 233°~328° ∠14°~37°，局部受构造影响，局部倾向达 54°。区内有 2 组断裂较发育（见图 7-10），共 8 条的断裂构造：一组为近 SN 走向，倾向东，倾角 45°~75°；另一组为 NW-SE 走向，倾向 NE，倾角 60°~73°，以近 SN 走向断裂为主。地层总体呈单斜构造，局部受断裂构造影响产生褶皱，断裂对矿化区地层起破坏作用，对矿化体与成矿作用，近 SN 走向断裂属控矿构造，发现几米厚铅氧化带。

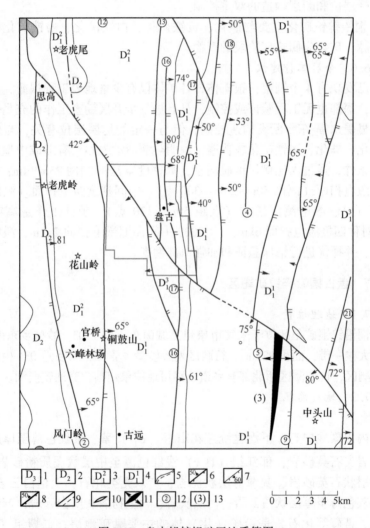

图 7-10  盘古铅锌银矿区地质简图

1—上泥盆统；2—中泥盆统；3—下泥盆上亚层；4—下泥盆下亚层；5—实推测地质界线；
6—逆断层及倾角；7—正断层及倾角；8—大断层及倾角；9—实、推测性质不明断层；
10—煌斑岩脉；11—背斜轴；12—断层编号；13—褶皱编号

C 岩浆岩

矿区内未见岩浆岩出露，岩浆活动弱，但其外围岩浆活动迹象明显，以小岩株、岩脉为主，例如金秀东乡小岩株、武宣连基煌斑岩脉、来宾石牙乡青翠石英辉绿岩脉等（广西壮族自治区地质局，1972；广西壮族自治区地质矿产局第七地质队，1994），这些小岩体和小岩脉均位于矿区外围，对矿区成矿影响小，矿区的热液主要来源深大断裂及深部隐伏岩体，矿区南边水文钻井测定水温约30℃，矿区东部寺村一带有水温多高达70℃以上的天然温泉，表明该区深部存在热源（鲁家庆等人，2016）。

D 矿化体特征

铅矿化体分布于龚村以东 $F_5$ 构造蚀变带内，沿构造蚀变带走向铅矿化体由间距为200m的TC01、TC04工程控制，工程控制以外的矿化体，受残坡积覆盖影响，其延伸情况不详。

构造蚀变带内由硅化粉砂岩、石英、含铅黏土、重晶石脉组成，其长期遭受了强烈风化氧化和淋滤，形成铅氧化带，铅氧化带呈现为灰黑色不规则黏土块状，易污手。铅矿化体产出与构造蚀变带基本一致，产状为49°~105°∠45°~52°。其中TC04揭露显示的构造蚀变带发生揉皱形成背斜，背斜东翼蚀变带内铅矿化达到矿化，产状为105°∠52°，背斜西翼蚀变带铅未达到矿化，产状为245°~325°∠42°~56°。TC01处构造蚀变带内因风化强烈，与围岩接触的构造面模糊不清，风化氧化形成的铅矿化体整体倾向NE，产状为49°∠45°。铅矿化体倾向呈现NE、SEE向的变化，与区域东西向构造应力挤压作用有关。

根据TC01、TC04工程揭露，铅矿化体厚2.24~5.67m，平均厚3.95m，品位 Pb 0.32%~0.64%，平均品位0.45%。其中TC01达到矿化的样品为H11、H13、H15、H16、H17，铅品位0.63%、0.32%、0.33%、0.52%、0.64%，平均品位0.45%，厚0.79m、1.51m、1.47m、1.05m、0.85m，累计厚5.67m；TC04达到矿化的样品为H3、H4，铅品位0.32%、0.59%，平均品位0.45%，厚1.19m、1.05m，累计厚2.24m。分析认为地表覆盖厚和构造蚀变带上部铅锌矿氧化强烈，深部才是主要赋矿部位，预计该区具有寻找大中型脉状和层状铜铅锌银矿床的找矿远景。

7.3.7.3 地球化学特征

根据 1：1 万土壤地球化学剖面测量，由北往南按 Cu 62.09×10⁻⁶、Pb 103.28×10⁻⁶、Zn 188.37×10⁻⁶、W 3.35×10⁻⁶、Mo 2.83×10⁻⁶为异常下限圈定 4 处铅多金属异常靶区，异常编号为 Ⅰ-1（组合元素 Pb-Mo-Cu）、Ⅲ-1

（组合元素 Pb-Mo）、Ⅲ-2（组合元素 Pb-Zn-W-Mo）、Ⅲ-3（组合元素 Pb-Zn-W-Mo）。Ⅰ、Ⅲ异常区以 Pb、Mo 元素丰度值较高，Cu、Zn、W、Mo 元素丰度值略低，Ⅰ区表现为异常较集中，Ⅲ区异常相对较分散，且相比Ⅰ区元素丰度值偏低。

Ⅰ-1 异常：位于调查区北东边缘，分布在二塘组地层发育的 $F_5$ 构造蚀变带及周边，异常走向与 $F_5$ 走向大体一致，形态似条带状，长 340m，宽 170m，异常两端未有圈闭，异常极值 Cu $146.30\times10^{-6}$、Pb $1039.41\times10^{-6}$、Zn $294.21\times10^{-6}$、Mo $17.66\times10^{-6}$，经槽探工程 TC01、TC02、TC04 揭露验证构造蚀变带，TC01、TC04 中存在铅矿化体，Pb 品位 0.32%~0.64%，平均品位 0.45%。该区 Pb 元素异常由 $F_5$ 构造蚀变带中矿化引起。

Ⅲ-1 异常：位于调查区东部，分布在二塘组灰岩中，异常走向近 SN 向，形态呈圆状，长 60m，宽 50m，异常极值 Pb $617.61\times10^{-6}$、Mo $9.53\times10^{-6}$，经异常查证，该处为构造角砾岩受风化剥蚀后残坡积于地表，异常引起与构造存在关联。

Ⅲ-2 异常：位于调查区东部，分布在二塘组灰岩中，异常走向近 SN 向，形态呈椭圆状，长 400m，宽 200m，异常极值 Pb $214.82\times10^{-6}$、Mo $16.13\times10^{-6}$，经槽探工程 BT02 揭露验证，异常套合性低。

Ⅲ-3 异常：位于调查区东部，分布在 $F_6$ 断层及附近的上伦白云岩地层中，异常走向与 $F_6$ 走向大体一致，形态形似葫芦状，长 365m，宽 110m，异常极值 Pb $410.02\times10^{-6}$、Zn $813.75\times10^{-6}$、W $8.50\times10^{-6}$、Mo $7.18\times10^{-6}$，经槽探工程 BT03、BT04 揭露验证，异常套合性低。

盘古调查区铅多金属综合异常 4 处，异常编号为Ⅰ-1（组合元素 Pb-Mo-Cu）、Ⅲ-1（组合元素 Pb-Mo）、Ⅲ-2（组合元素 Pb-Zn-W-Mo）、Ⅲ-3（组合元素 Pb-Zn-W-Mo）。经槽探工程揭露验证的盘古调查区Ⅰ-1（组合元素 Pb-Mo-Cu）的化探异常为构造矿化引起，其余异常区异常或与构造存在关联。

### 7.3.7.4 找矿进展

通过槽探工程揭露化探异常，盘古调查区龚村以东 $F_5$ 构造蚀变带发现了 1 处风化氧化淋滤铅矿化体，构造蚀变带内未见原生铅矿化体，矿化体由工程间距 200m 的 TC01、TC04 控制，呈灰黑色，泥质结构，浸染块状，其产状及延伸（深）情况受残坡积覆盖不明。TC01 品位 Pb 0.32%~0.64%，累计厚 5.67m，平均品位 0.45%。TC04 品位 Pb 0.32%~0.59%，平均品位 0.45%，累计厚 2.24m。铅矿化体平均厚 3.95m，平均品位 0.45%。

##### 7.3.7.5 成矿条件与找矿远景分析

对调查成果分析研究，盘古调查区成矿地质条件好，地质测量过程直接发现有利成矿线索，土壤地球化学测量组合化学元素异常值普遍较高，并且异常组合好且连续及组合地质异常叠加较好（见图7-11），由此认为该区有下一步找矿潜力，预测有望找到中型铅锌矿床。

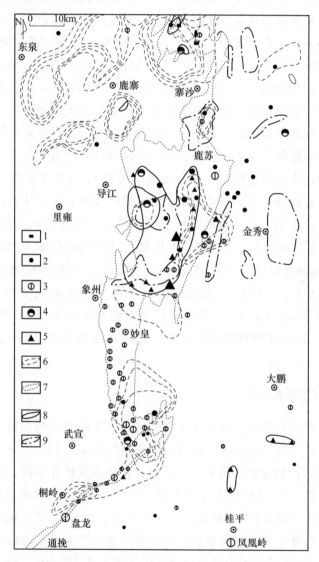

图7-11 大瑶山西侧组合地质异常叠加图

（据张善明等人，2010，修编）

1—金矿点；2—铜矿点；3—铅锌矿点；4—铅锌铜矿点；5—重晶石矿点；
6—断裂密度和交点异常高值区；7—地层异常区；8—重晶石化区；9—硅化岩区

#### 7.3.7.6 今后工作建议

盘古预测区圈定的 1 处氧化淋滤铅矿化体，其构造带内具有铅矿化、重晶石化、硅化，围岩泥岩及碳酸盐岩具有强烈硅化，碳酸盐岩还伴有白云石化现象，而构造带附近可见碳酸盐岩中方解石细脉有团块状褐铁矿化、星点状黄铁矿化。根据调查区矿化蚀变特征与周边矿床进行类比。广西象州县妙皇铜铅锌银矿矿床铅锌矿受构造控制且埋藏较深，与地层赋矿有一定关系，矿体围岩具有硅化、重晶石化、黄铁矿化、方解石化、白云石化等现象，化探异常值较高，物探极值异常地段，与深部矿体套合性好。广西大瑶山西侧南段铅锌铜银矿矿床中氧化矿堆积体，在延伸的深部通过钻孔揭露验证存在矿体。通过类比，调查区成矿地质特征与前述两个矿床特征具有一定的相似性，由此认为此次圈定的铅矿化体与构造蚀变带存在一定关联，于深部存在矿化体的可能。但限于选点调查采取的工作手段有限且单一，调查区内残坡积厚度大，槽探揭露效果欠佳，带内未见原生铅矿化体，造成本次对 $F_5$ 构造在延伸（深）的矿化变化情况及矿化体特征了解不够全面，对其成矿规律和矿化体特征认识还存在不足，为进一步查明铅矿化体地质特征，建议可着重围绕 $F_5$ 构造蚀变带延伸（深）方向开展勘查工作，以圈定的 1 处氧化淋滤铅矿化体为中心，向南、向北各 500m，高密度电法（测网 25m×4m；870 点）、对称四极激电扫面（测网 50m×20m；300 点）、中间梯度激电扫面（测网 200m×40m；500 点）、激电测深工作（点距 50m；130 点），预计工作量高密度电法 3.5km，对称四极激电扫面 5km，1∶2000 中间梯度激电扫面 20km，激电测深工作 2km，并择优进行钻探验证。

### 7.3.8 找矿思路探讨

（1）面上的战略选区，点上寻求突破优选成矿潜力大的图幅或区块，开展矿产调查与找矿预测。2017 年广西地球物理勘察院通过开展 1∶5 万矿产地质专项填图、1∶5 万高精度磁法测量、大比例尺物化探及槽探揭露。通过矿产地质专项填图，分别勾绘上伦白云岩、二塘组、官桥白云岩、大乐组、东岗岭组等主要赋矿地层边界，圈出主要成矿带（马文富等人，2019）。该区铅锌矿与白云岩关系密切，大部分铅锌矿床均沿着白云岩带分布，应重点追溯白云岩的分布特征。选成矿有利的矿业权空白区、已知矿床外围，通过新理论、新技术、新方法的不断创新，争取点上面上找矿突破。

（2）海平面的升降形成层序边界面，作为一个异常界面，层序边界面控制着该区铅、锌、铜、重晶石矿的产出层位和赋矿岩性（张善明等人，2010）。

该区控矿层位主要为上伦白云岩、官桥白云岩、二塘组、应堂组及大乐组地层（见图7-12），加上有利的沉积相为矿床的形成提供了"生、储、盖"的配套条件，重视张善明等人（2010）预测Ⅰ号找矿有利地段（见图7-13），并沿着赋矿层位与层序边界面开展矿产勘查工作，铅锌铜等矿产找矿成果将会越来越显著。

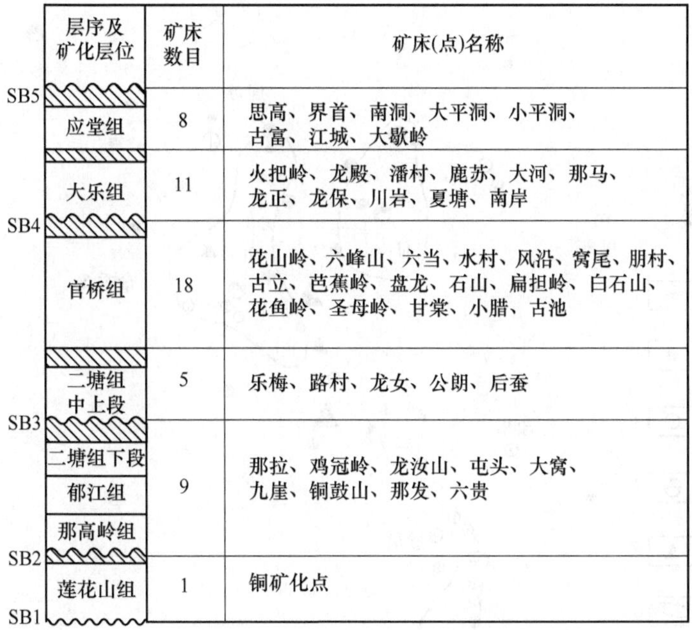

| 层序及矿化层位 | 矿床数目 | 矿床(点)名称 |
|---|---|---|
| SB5 应堂组 | 8 | 思高、界首、南洞、大平洞、小平洞、古富、江城、大歇岭 |
| 大乐组 SB4 | 11 | 火把岭、龙殿、潘村、鹿苏、大河、那马、龙正、龙保、川岩、夏塘、南岸 |
| 官桥组 | 18 | 花山岭、六峰山、六当、水村、风沿、窝尾、朋村、古立、芭蕉岭、盘龙、石山、扁担岭、白石山、花鱼岭、圣母岭、甘棠、小腊、古池 |
| 二塘组中上段 SB3 | 5 | 乐梅、路村、龙女、公朗、后蚕 |
| 二塘组下段 郁江组 那高岭组 SB2 | 9 | 那拉、鸡冠岭、龙汝山、屯头、大窝、九崖、铜鼓山、那发、六贵 |
| 莲花山组 SB1 | 1 | 铜矿化点 |

图7-12  大瑶山西侧赋矿层位与层序边界面柱状图

（图中阴影区表示矿化集中地段；据张善明等人，2010，修编）

（3）加强深部找矿在该区内已发现有盘龙铅锌矿（大型）、妙皇铜铅锌银矿（大型）等大中型矿床分布，另有数十个小型矿床及矿点分布，据该区各铜铅锌矿床地质报告显示，除盘龙铅锌矿、妙皇铜铅锌银矿外，大多矿区仅对浅部0~300m范围内矿体进行控制，而对-200m标高以下深部矿体并未能有效控制（见表7-3），矿体深部延伸多未圈闭。从勘查区内已知的矿床分布情况及近几年来盘龙矿区深部找矿取得的重大突破，说明区内铜铅锌矿尚未"找完"，仍具有巨大的找矿潜力。

（4）"上脉下层"找矿模式依据充分，多种分析结果表明，该区铅锌矿体的形成离不开深部的岩浆岩，靠近隐伏岩体是否有似层状矿体或矽卡岩型矿体的存在值得进一步研究和验证。

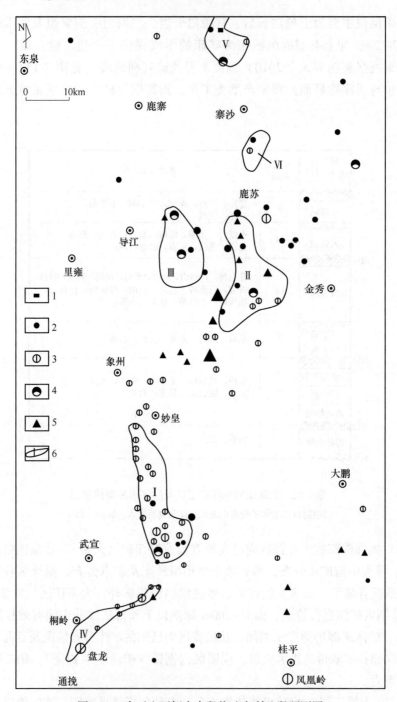

图 7-13 大瑶山西侧中南段找矿有利地段预测图

（据张善明等人，2010，修编）

1—金矿点；2—铜矿点；3—铅锌矿点；4—铅锌铜矿点；5—重晶石矿点；6—预测成矿有利地段及编号

表 7-3　大瑶山西侧中南段主要铜铅锌矿床赋矿层位与见矿矿标高

| 见矿标高/m | 矿区名称 盘龙 | 古立 | 朋村 | 波吉-杏村 | 石山-九岩 | 花鱼岭 | 水村 | 古富 | 凤门坳 | 那界 | 六峰山 | 水岩岭 | 妙皇 | 寺村 | 波斗 | 大蚕 | 古邑 | 乐梅 | 雷山 | 小腊 |
|---|---|---|---|---|---|---|---|---|---|---|---|---|---|---|---|---|---|---|---|---|
| 赋矿层位 | 上伦白云岩 | | | | 二塘组 | 郁江组、上伦白云岩 | 郁江组、上伦白云岩 | 上伦白云岩 | 二塘组 | 上伦白云岩 | 上伦白云岩、二塘组 | 官桥组、大乐组 | 郁江组、上伦白云岩 | 上伦白云岩 | 上伦白云岩 | 大乐组、东岗岭组 | 东岗岭组 | 上伦白云岩 | 上伦白云岩、大乐组 | 东岗岭组 |

注：据马文富等人，2019，修编

# 7.4 找矿总结及建议

找矿总结如下。

(1) 广西壮族自治区大瑶山西侧中南段是广西重要成矿区带之一，具有寻找有色金属和贵金属矿产巨大找矿潜力和找矿远景。

(2) 大瑶山西侧中南段最具有找矿潜力的优势矿种是铅、锌、银，沉积-热液改造型和破碎带蚀变岩型在区内分布广，占比例大，最具有找矿潜力。最具找矿前景的矿床类型是与岩浆热液作用有关的铅锌银金属矿床。要重视中-浅成低温热液型铅锌银矿、受层间滑动带控制的构造蚀变型铅锌矿。

(3) 马黎-花侯-盘古预测区是寻找铜铅锌银矿的有利地区；大团-司律-盘龙预测区、南洞-双桂-古富预测区、王铎-新造预测区是寻找中浅成低温热液改造型铅锌矿的有利地区；马黎-花侯-盘古预测区为寻找构造破碎蚀变型的有利地区。

(4) 南洞-双桂-古富预测区、南洞-双桂-古富预测区等3个找矿预测区应安排1∶5万或1∶1万化探和1∶2000激电物探等工作，以进一步发现找矿信息，缩小找矿靶区和确定新的找矿靶区；翻山、南洞、马黎、盘古共4处找矿靶区有望找到大中型矿床，应开展地质普查工作，有望在较短时间内实现找矿重大突破。

(5) 盘龙-古立-朋村、水村-乐梅、花蓬-那宜各矿段深部及其矿段空档之间仍有较大找矿空间。在贯彻"新区面上铺开，矿山重点深部"的找矿方针过程中，在积极开展新区找矿的同时，建议继续重视"老区就矿找矿"工作，运用新的技术方法，在矿区边部及深部地质找矿工作将能够实现新的重大突破。

近几年来，地勘单位（矿业公司）在测区的盘龙、妙皇等矿区深部取得了找矿突破。不论是从区域地质构造、含矿层位分布情况、物化探异常分布情况及已知矿床、矿点分布情况分析，该区成矿条件均十分有利，具有较好的找矿前景，矿体还没有"找完"，建议加大中央财政、地方财政、社会等资金投入，鼓励地勘单位与科研院校联合实施，科学、合理地制定勘查及找矿技术，调整找矿思路，有望在该区找到3处至4处大中型以上的铅锌多金属矿床。

# 参 考 文 献

[1] 黄启勋. 广西若干重大基础地质特征 [J]. 广西地质, 2000 (3)：3-12.

[2] 广西壮族自治区区域地质调查研究院. 中国区域地质志·广西篇 [M]. 北京：地质出版社, 2019.

[3] 广西壮族自治区地质矿产局第七地质队. 广西象州—寺村地区1：5万区域地质调查报告 [R]. 南宁：广西壮族自治区地质矿产勘查开发局, 1994.

[4] 广西壮族自治区地质矿产局. 华南地区物探、化探、遥感编图广西综合解释成果报告 [R]. 南宁：广西壮族自治区地质矿产勘查开发局, 1997.

[5] 王剑, 宁浦功. 桂北桂中泥盆纪沉积盆地大地构造演化与铅锌成矿作用 [J]. 广西地质, 1998, 11 (1)：1-5.

[6] 曾允孚, 张锦泉, 刘文均, 等. 中国南方泥盆纪岩相古地理与成矿作用 [M]. 北京：地质出版社, 1993.

[7] 周怀玲, 张振贤, 袁少平. 广西大瑶山西侧泥盆纪沉积特征与层控矿床控矿条件 [J]. 广西地质, 1990, 3 (4)：1-13.

[8] 王瑞湖. 桂中凹陷周缘铅锌锡多金属矿床的界面成矿与找矿预测研究 [D]. 武汉：中国地质大学 (武汉), 2012.

[9] 广西壮族自治区地质矿产勘查开发局. 广西铅锌矿地质 [R]. 南宁：广西科学技术出版社, 2001.

[10] 广西壮族自治区地质矿产勘查开发局. 广西壮族自治区数字地质2006年版说明书 (1：50万) [R]. 2006.

[11] 陈懋弘. 广西大瑶山地区多期次岩浆活动及成矿作用 [M]. 北京：地质出版社, 2020.

[12] 孙邦东. 广西铅锌矿矿源层探讨 [J]. 广西地质, 2002, 15 (1)：37-42.

[13] 陈毓川, 毛景文, 等. 桂北地区矿床成矿系列和成矿历史演化轨迹 [M]. 南宁：广西科学技术出版社, 1995.

[14] 陈毓川, 等. 全国成矿区带及其大地构造单元划分资料 [R]. 1991.

[15] 王立佳, 辛福生. 广西大瑶山成矿带盘龙-朋村铅锌矿特征及找矿远景 [J]. 云南地质, 2017, 36 (4)：375-380.

[16] 广东省地球物理探矿大队. 广西象州县妙皇矿区铜铅锌银矿详查报告 [R]. 2015.

[17] 鲁家庆, 刘星, 周辉, 等. 广西象州县妙皇矿区铜多金属矿矿床特征及控矿因素 [J]. 矿产与地质, 2016, 30 (3)：362-365, 370.

[18] 罗永恩. 广西大瑶山西侧铜铅锌多金属成矿带的控矿因素与矿床成因 [J]. 地质找矿论丛, 2009, 24 (1)：58-63, 74.

[19] 罗永恩. 广西武宣县盘龙铅锌矿床地质特征及控矿因素分析 [J]. 地质与资源, 2009, 18 (3)：183-188, 196.

[20] 张振贤, 周怀玲, 袁少平. 广西武宣县乐梅铅锌矿床地质特征和成因探讨 [J]. 广西地质, 1989, 2 (3)：32-45.

[21] 韦乐平. 大瑶山西侧铜铅锌矿成矿规律及找矿方向 [J]. 工程技术, 2023 (4)：200-203.

［22］端木合顺，樊婷婷．矿床勘查实用技术［M］．徐州：中国矿业大学出版社，2016．

［23］赵鹏大．矿产勘查理论与方法［M］．武汉：中国地质大学出版社，2010．

［24］叶天竺，韦昌山，王玉往，等．勘查区找矿预测理论与方法［M］．北京：地质出版社，2014．

［25］鲍玉学．矿产地质与勘查技术［M］．长春：吉林科学技术出版社，2019．

［26］李新民．新形势下地质矿产勘查及找矿技术研究［M］．北京：中国原子能出版社，2021．

［27］刘库．金属矿床深部找矿中的地质研究［J］．世界有色金属，2023（2）：61-63．

［28］中国矿业权评估师协会．固体矿产勘查资源储量估算［M］．北京：中国大地出版社，2022．

［29］施俊法，唐金荣，周平，等．世界找矿模型与矿产勘查［M］．北京：地质出版社，2010．

［30］莫亚军，区小毅，黎海龙，等．CSAMT法供电场源的选取与探讨——以广西武宣县盘龙铅锌矿区为例［J］．物探化探计算技术，2021，43（3）：367-373．

［31］刘星，杨秋访．综合物探方法在广西妙皇隐伏多金属矿勘查中的应用［J］．地质学刊，2018，42（4）：368-674．

［32］刘武生．广西盘龙铅锌矿周边找矿规划研究［J］．采矿技术，2009，9（3）：115-117．

［33］幸福生，王立佳，汤静如．广西司律铅锌矿地质特征及找矿方向［J］．云南地质，2017，36（1）：63-66．

［34］罗永恩．盘龙铅锌矿床成因及成矿模式［J］．有色金属，2009（3）：32-35．

［35］罗永恩．广西武宣—象州地区铅锌成矿带深部找矿前景及找矿思路探讨——以盘龙矿区为例［J］．矿产与地质，2014，28（6）：4-10．

［36］梁国宝，胡明安，杨振．广西朋村—盘龙铅锌矿地球化学特征及矿床成因［J］．桂林理工大学学报，2015，35（3）：437-444．

［37］李巍，黄大放．广西武宣县六峰山铅锌矿床地质特征及找矿远景［J］．南方国土资源，2006（8）：32-33，36．

［38］罗永恩．广西六峰山铅锌矿层间滑动带地质特征及控矿作用［J］．有色金属（矿山部分），2013，65（1）：44-48．

［39］广西壮族自治区地质调查研究院，广西壮族自治区地球物理勘察院．广西桐木—武宣地区铜铅锌矿评价报告［R］．2006．

［40］韦国松．广西象州县王铎铅锌矿床地质特征及成矿远景评价［J］．地球，2013，6：19-20．

［41］罗永恩．广西象州县新造铅锌矿床地质特征及找矿方向［J］．矿产与地质，2009，23（6）：43-47．

［42］广西壮族自治区第七地质队．广西象州县雷山—盘古地区铜铅锌矿选点调查报告［R］．2021．

［43］卢建华，左计生，李楚平，等．广西壮族自治区武宣县盘龙矿区盘龙铅锌矿-150m标高以下铅锌矿详查报告［R］．广西中金岭南矿业有限责任公司内部资料，2011．

［44］丁伟，王涛．广西武宣县盘龙矿区铅锌矿地质特征及找矿标志分析研究［J］．矿物学报，2015（S1）：847-848．

［45］马文富，罗炯成，李炎锋．广西武宣—象州大瑶山西缘铜铅锌矿集区地质特征及找矿思

路探讨 [J]. 世界有色金属，2019（9）：87-88.

[46] 广西壮族自治区地质局. 区域地质测量报告（1：20万来宾幅）[R]. 1972.

[47] 张善明，吕新彪，唐小春，等. 广西大瑶山西侧综合地质异常与控矿分析 [J]. 地质与勘探，2010，46（2）：314-322.

[48] 李辰，欧阳菲，曾南石，等. 大瑶山西南段铅锌矿集区矿床地质特征及其成因分类 [J]. 有色金属，2014，66（6）：43-46.

[49] 甄世民，叶天竺，祝新友，等. 南岭地区泥盆系密西西比河谷型（MVT）铅锌矿床成矿特征研究 [M]. 北京：地质出版社，2018.

[50] 陈义雄. 广西桂中地区航磁工作报告 [R]. 广西地球物理勘察院，1984.